珠宝设计美学

AESTHETICS
OF
JEWELRY DESIGN

金靖勋

编 著

人民邮电出版社

北 京

图书在版编目（ＣＩＰ）数据

珠宝设计美学 / 金靖勋编著. -- 北京 ： 人民邮电
出版社，2023.7
ISBN 978-7-115-57954-6

Ⅰ．①珠… Ⅱ．①金… Ⅲ．①宝石－设计－教材
Ⅳ．①TS934.3

中国版本图书馆CIP数据核字(2021)第235981号

内 容 提 要

这是一本全面讲解珠宝设计的专业教程。第 1 章从多角度介绍了珠宝的相关概念，列举了 16 个代表性的珠宝品牌，讲解了珠宝设计在不同时期和文化背景下的发展，并且详细介绍了珠宝设计的工艺流程；第 2 章讲解了有关珠宝设计定制和商业研发的流程及其创作的思路与方法；第 3 章讲解了珠宝设计所涉及的造型理论，全面介绍了造型、形态、质感、肌理，以及点线面元素、平面构成和立体构成等在珠宝设计中的应用，着重讲解了珠宝设计的效果美法则和形式美法则；第 4 章介绍了色彩在珠宝设计中的运用，并且着重介绍了珠宝设计手绘的着色法；第 5 章分析了珠宝装饰艺术在各个时期的发展及影响，并且引出珠宝设计与图形和字体设计之间的关系；第 6 章介绍了创新珠宝设计的方法；第 7 章介绍了在进行珠宝设计时如何融入和体现情感元素；第 8 章汇总了常用的珠宝设计"数据模板"。

本书适合珠宝设计学习者、专业珠宝设计师和与珠宝相关的其他从业者阅读。

◆ 编　　著　　金靖勋
　　责任编辑　　王振华
　　责任印制　　马振武

◆ 人民邮电出版社出版发行　　北京市丰台区成寿寺路 11 号
　　邮编　100164　　电子邮件　315@ptpress.com.cn
　　网址　http://www.ptpress.com.cn
　　北京盛通印刷股份有限公司印刷

◆ 开本：787×1092　1/16
　　印张：12.75　　　　　　　　　 2023 年 7 月第 1 版
　　字数：400 千字　　　　　　　 2023 年 7 月北京第 1 次印刷

定价：118.00 元

读者服务热线：(010)81055410　印装质量热线：(010)81055316
反盗版热线：(010)81055315
广告经营许可证：京东市监广登字 20170147 号

推荐

珠宝，天工造物，是神秘维度的世界。人类对珠宝的渴望、探寻及拥有，使珠宝有了独特的工艺特色、人文情感、思想内涵和哲学魅力等。本书从不同方面系统地介绍了珠宝设计相关的知识，我极力将其推荐给对珠宝设计感兴趣的学习者和专业人士，这是一本很好的珠宝设计指导书。

—— 宋奕君 法国宝诗龙高级设计师

在我看来，珠宝从来不是奢侈品，而是一种追求极致之美的生活态度的标签，再美的宝石在自然界也只是一小块矿物质而已，设计者才是珠宝的核心。设计者的任务不只是带动风尚潮流，更是要做价值观的引领者。本书的内容全面、立体、准确、生动，是珠宝设计者入行的"敲门砖"！

—— 李藏宇 北京电视台节目主持人

珠宝设计不仅以材贵为美、技繁为美，它更多的是充分尊重材料本身的特性和气质。因材施艺，才能做到材尽其用、材尽其美。将珠宝作为一种生活美学的创新载体，是创意型珠宝设计的追求。本书从设计美学的基础分析出发，对珠宝设计的创意方式提供了启示性的创新思考。

—— 曾辉 设计学者、北京国际设计周策划总监

珠宝的美光彩夺目，令人向往，但很少有人真正了解珠宝设计与制作背后的故事。这本书不仅为我们全面呈现出珠宝设计的视觉表达方式，还讲述了珠宝设计的文化背景与发展的过程，将珠宝设计的方方面面都详尽地呈现在我们面前。

—— 昌涛 资深媒体人、《新视线 Wonderland》编辑总监

非常开心在本书上市前就有幸阅读到它，作者 3 年前提起想要编写这本书时就引起我极大的兴趣。这是一本带有思想、情感和温度的专业设计书，我认为它不仅适合从事珠宝设计的工作者和学习珠宝设计专业的学生阅读，还适合所有热爱艺术和喜欢设计的朋友们。

—— 曹刚 湖北广播电视台主持人

"璞石无光，千年磨砺"，任何名贵的材质都需要磨砺与设计，这是赋予其生命和灵魂的过程，温度和情感的注入使金属与宝石有了和人同样的体温，赋予了作品鲜活的"生命"。本书从基础设计学延伸到创意与情感的融入，循序渐进、细致入微，是一本值得阅读和珍藏的专业设计书。

—— 庄泥 经纪人、造型师

前 言

　　我是金靖勋，珠宝设计师和"珠宝梦想家"。多年来，我一直在思考和实践一件事，那就是如何发现和挖掘中国的珠宝设计文化精髓，并将其与当代人的审美融合，进而使之国际化。

　　4 年大学沉淀、25 年艺术追求，获得了珠宝首饰艺术设计、服装设计与工程双学士学位，我始终认为搭配是气场的外在体现，珠宝设计与服装设计密不可分。我挚爱高级珠宝设计，善用中国元素。很多人都想了解中国文化，每个民族的文化都交融着爱与灵魂，而珠宝则是非常好的载体。因此，用心去设计珠宝，才能真正诠释人们对爱和美好事物的向往。

　　我在书中记录了我多年来对艺术的感悟，并将它们转化为一种有形的语言。本书从写作到出版历经 4 年，今天终于和大家见面了。谨以此书来抛砖引玉，希望能为珠宝爱好者、职业珠宝人和对设计充满热情的读者提供些许思路，为行业奉献更多的交流与思考方向。本书旨在诠释一种全新的设计思路和设计语言，也是对珠宝美学的一次全新探索。

　　现在，让我们一起进入这个充满奇幻的珠宝世界吧！

"数艺设"教程分享

本书由"数艺设"出品，"数艺设"社区平台（www.shuyishe.com）为您提供后续服务。

扫码关注微信公众号

"数艺设"社区平台，为艺术设计从业者提供专业的教育产品。

与我们联系

我们的联系邮箱是 szys@ptpress.com.cn。如果您对本书有任何疑问或建议，请您发邮件给我们，并请在邮件标题中注明本书书名及 ISBN，以便我们更高效地做出反馈。

如果您有兴趣出版图书、录制教学课程，或者参与技术审校等工作，可以发邮件给我们。如果学校、培训机构或企业想批量购买本书或"数艺设"出版的其他图书，也可以发邮件联系我们。

关于"数艺设"

人民邮电出版社有限公司旗下品牌"数艺设"，专注于专业艺术设计类图书出版，为艺术设计从业者提供专业的图书、视频电子书、课程等教育产品。出版领域涉及平面、三维、影视、摄影与后期等数字艺术门类，字体设计、品牌设计、色彩设计等设计理论与应用门类，UI 设计、电商设计、新媒体设计、游戏设计、交互设计、原型设计等互联网设计门类，环艺设计手绘、插画设计手绘、工业设计手绘等设计手绘门类。更多服务请访问"数艺设"社区平台 www.shuyishe.com。我们将提供及时、准确、专业的学习服务。

目 录

后记

第 1 章

珠宝基础概述

本章从多个角度介绍珠宝的相关知识，包括珠宝的分类和发展，以及珠宝常用的金属和宝石，这有助于读者对选料有更深刻的认识，最后详细介绍了珠宝首饰的工艺制作流程。

1.1 认识珠宝｜1.2 熟悉材质｜1.3 了解工艺

1.1 认识珠宝

1.1.1 珠宝的概念

❶ 珠宝、首饰和饰品的区别

通常情况下，以普通合金和合成宝石做成的配饰被称作饰品，以金、银、铂等贵金属为主体做成的配饰被称为首饰，以天然钻石、宝石、翡翠和珍珠等镶嵌物为主体做成的配饰被称作珠宝。在珠宝中，构成材料比较名贵且稀有，工艺较为复杂、精致的珠宝被称作高级珠宝。这类珠宝的形式以豪华群镶为主，大多属于商业款。

相对于商业款，还有艺术款，也被称作概念款。概念款在造型、材料和功能上完全以表达设计者的主观意识为目的，不考虑制作难度、成本、佩戴的舒适性和实用性等商业要素。右图所示为概念款首饰作品，从中国传统京剧脸谱中提取出眼部纹样，并进行了艺术化处理。虽然叫作"面具"，却不具备面具的实用功能，该作品仅作为一种概念的传递和艺术性的表达。

概念款首饰作品——"面具"

除概念款外，无论是饰品、首饰还是珠宝，它们只是在材料、工艺和价值上不同，但作用是一样的，都以装饰为主。本书以"珠宝首饰"为例进行讲解。

❷ 珠宝的形象构成

珠宝的形象是由材料、造型、工艺和理念所构成的。材料是指珠宝制作时使用的金属和宝石等原料，造型是指珠宝的外部形态特征和色彩搭配形式，工艺是指珠宝的制作方法，如表面喷砂、拉丝、肌理处理、珐琅着色和宝石镶嵌等，理念是指设计者以珠宝作品为载体所传达出的情感、思想。好的首饰作品应寓形于意、托物传情，将内心情感用金属、宝石等元素表达出来，给人以无穷的想象空间，用情感作为支撑，使设计者、佩戴者和观赏者在情感上产生共鸣。

构思阶段材料甄选

本书将围绕珠宝设计美学这一课题，以珠宝的形象构成为主要线索，分别从珠宝的基础材料、工艺、设计、造型、色彩、理念传达和历史背景等多维度视角进行讲解。

1.1.2 珠宝的分类

❶ 珠宝的常见设计主题

　　珠宝的设计主题有很多种，设计师可以随时随地睹物思情、触景生情，进而有感而发，任何事物都可能成为设计师笔下的设计主题。最常见的主要有自然主题、动物主题、海洋主题和情感主题等。通常情况下，同一系列产品都会采用同一主题，即便造型不同，也会在材质、工艺、颜色，乃至宝石镶嵌上寻求细节处的微妙统一与变化。

◎ 自然主题

梵克雅宝——Two Butterfly 项链

梵克雅宝——Two Butterfly 指间戒

◎ 动物主题

宝诗龙——HOPI 蜂鸟戒指

宝诗龙——NARA 雌鹿戒指

◎ 海洋主题

梵克雅宝——Seven Seas 系列胸针之一

梵克雅宝——Seven Seas 系列胸针之二

◎ 情感主题

尚美巴黎——Facéties 系列胸针

尚美巴黎——Sonate d'Automne 系列胸针

❷ 珠宝的常见设计风格

珠宝在发展历程中受各种历史文化的影响而产生多种艺术风格，其中影响相对深远的是拜占庭风格、巴洛克风格、洛可可风格、维多利亚风格和新艺术时期风格等。

拜占庭风格复古、奢华，这一时期贵族文化对艺术的影响很大。

巴洛克艺术起源于罗马，其艺术吸收了文学、戏剧和音乐等领域的一些元素，崇尚高度奢华，具有浓郁的浪漫主义色彩。巴洛克风格的线条多为直线，充满阳刚之气，强调运动和变化，打破理性的宁静与和谐。这种风格的珠宝设计着重使用极富装饰性的花纹，古典主义韵味配上鲜明的色彩，流露出奢华、迷人的气质。

洛可可风格与巴洛克风格不同，洛可可风格是女性的象征，轻盈、华丽、细腻，散发着温柔而甜美的浪漫气息，多用自然曲线花纹与明快的色彩进行表现，表达精致的艺术感。

维多利亚风格是以装饰为主的唯美主义风格，崇尚对所有装饰元素进行混搭组合，它的造型细腻、层次丰富、将装饰美和自然美完美结合，用色大胆、绚丽、对比强烈，华丽且含蓄柔美。

新艺术时期风格在现代主义思潮的影响下应运而生，极度精致的工艺将新艺术时期唯美的气息展现得淋漓尽致。

◇ 小贴士

关于各个艺术时期的风格讲述详见本书的第 5 章。

❸ 珠宝的常见形式

珠宝按设计的目的分为商业款和概念款，能批量生产且适应大众消费水平的是商业款；不考虑受众群体、工艺难度和生产成本，只考虑作品传递的思想和情感的是概念款。按常用材料可分为纯金首饰、纯银首饰、铂金珠宝首饰、K 金类珠宝首饰、珍珠类珠宝首饰、彩宝类珠宝首饰和钻石类珠宝首饰等。按工艺可分为素金类首饰和镶嵌类珠宝。按佩戴部位可分为手饰（戒指、手镯和手链）、耳饰（耳环、耳钉、耳线、耳圈和耳扣）、项饰（一体链、吊坠）、胸针和发饰等。套装珠宝首饰是指有共同主题的多种形式珠宝首饰的组合，产品类别包括戒指、耳饰、项饰、手链或手镯等，它们有着相同的特点，但又各不相同。值得一提的是，近些年高端腕表、眼镜框也被划入了珠宝首饰范畴中。

◎ 按材料划分

纯金首饰（周大福）

纯银首饰（潘多拉）

铂金珠宝首饰（蒂芙尼）

18K 白色 K 金

18K 黄色 K 金

18K 玫瑰 K 金

K 金类珠宝首饰（路易威登）

珍珠类珠宝首饰（香奈儿）

彩宝类珠宝首饰（尚美巴黎）

钻石类珠宝首饰（宝诗龙）

戒指（宝诗龙）

手镯（伯爵）

手链（格拉夫）

流苏耳环（伯爵）

耳钉（香奈儿）

耳线（周大福）

耳圈（路易威登）

耳扣（潘多拉）

一体链（潘多拉）

吊坠（潘多拉）

发夹（迪奥）

腕表（伯爵）

胸针（香奈儿）

眼镜（香奈儿）

1.1.3 珠宝的发展

❶ 品牌与文化

每一件珠宝作品都会带有一段特殊的时间记忆、文化背景，并反映出当时特定的时代审美意识与社会发展进程。纵观珠宝的发展历史，可以通过一些品牌看出各个时期的文化特征。下面选取 16 个卓尔不群的珠宝品牌进行讲解。

尚美巴黎（Chaumet），1780 年创立于法国，被业界视为"低调隐奢"的代表品牌，作为法国皇室高级定制珠宝和奢华腕表品牌，一直崇尚向"美"致敬，以精致、优雅、细腻为品牌精神。

蒂芙尼（Tiffany & Co.），1837 年创立于美国，以简洁的设计为主，独有的蒂芙尼蓝作为时尚的标志一直诠释着爱与信念。品牌产品包括高级珠宝、K 金钻石珠宝和潮流银饰，独创的六爪镶嵌工艺延续至今，其中蒂芙尼的钥匙和心锁最为出名。

"加冕·爱"系列指戒

Return to Tiffany Tm 系列手链

卡地亚（Cartier），1847 年创立于法国，有"珠宝商的皇帝"之称，深度挖掘异域文化精髓，完美地将时代特色和传统工艺相结合，将东方文化细腻地以珠宝化展现，从而设计了大量带有中国文化特色的珠宝。卡地亚的高级珠宝以猎豹为品牌经典代表元素，将祖母绿镶于豹眼，以钻石铺满豹身，含蓄中带有野性与动感，商业款则以"Love"系列最为出名。

宝诗龙（Boucheron），1858 年创立于法国，作为充满开创精神、奢华大胆的现代珠宝品牌，一直潜心研究各类材质，独创的带有隐形弹簧扣结构的"问号"造型项链成为品牌百年经典之作。而宝诗龙发明的悬空镶嵌法，将每一颗宝石的切工和光泽完美展现，尽显璀璨与奢华。

PANTHÈRE DE CARTIER 胸针

"问号"造型项链

萧邦（Chopard），1860 年创立于瑞士，靠腕表起家，于 1920 年开始研发带有宝石镶嵌的手表。1976 年推出"Happy Diamonds"系列，让钻石在表盘两块透明蓝宝石水晶面之间尽情地滑动，让产品充满了灵动与俏皮的气息。

伯爵（Piaget），1874 年创立于瑞士，靠腕表起家，将精湛的制表技艺应用到高级珠宝上。它的高级珠宝延续了腕表的奢华风格，珠宝以"伯爵花"的形象深入人心。

HAPPY HEARTS 耳环

ROSE 戒指

宝格丽（Bvlgari），1884 年创立于意大利，以银饰品起家，后续发展了多元化的产品线，包括眼镜、皮具、香水和高级珠宝等，首创的心形宝石切割法和弧面宝石琢型技法影响至今，品牌代表产品主要以蛇形高级珠宝为主。

御木本（Mikimoto），1893 年创立于日本，其创始人御木本幸吉完美地培育出第一颗养殖珍珠，有"养殖珍珠之父"之称，并创立了同名珠宝品牌，品牌将日本 Akoya 珍珠和钻石结合，使珠宝散发着唯美的梦幻气息。

蛇形高级珠宝

Akoya 珍珠腕饰

施华洛世奇（Swarovski），1895 年创立于奥地利，以先进的精确切割技术和璀璨夺目的人造水晶产品闻名世界。企业有两条产品线：一是制造和销售人造水晶原料（即施华洛世奇水晶原料）；二是设计并生产和销售人造水晶饰品，该品牌经典的天鹅 Logo 被人们所熟知。

Swan Lake 链坠

梵克雅宝（Van Cleef & Arpels），1906 年创立于法国，品牌始于一段浪漫的爱情故事，梵克与雅宝两人将他们的爱情故事带入了他们的珠宝设计作品中，他们的珠宝展现的并不是传统的珠光宝气，而是法国气质，作品好像融入了爱情与梦想的珠宝花园般美丽、梦幻和璀璨。该品牌首创的隐蔽式镶嵌法影响至今，令人称绝。该品牌的产品多以自然主题为主，非常知名的是"四叶草"系列。

Vintage Alhambra 一体链

香奈儿（Chanel），1910 年创立于法国，创始人是可可·香奈儿，产品涵盖服装、包、腕表、珠宝、饰品、化妆品、护肤品和香水等。香奈儿高级珠宝工作室不断精彩演绎着香奈儿的优雅美学理念，极富想象力地从香奈儿女士的"宇宙"中汲取灵感，创作出"彗星"系列，而最为经典的"山茶花"系列珠宝散发出一种温婉、优雅的女性韵味，这也是香奈儿品牌的核心体现。

ÉTOILE FILANTE 系列戒指

布契拉提（Buccellati），1919 年创立于意大利，有"金艺王子"之称，推崇文艺复兴时期的艺术，注重使用金属工艺来表达作品的思想，作品蕴含着关于艺术深层次的思考，独创的织纹雕金技术为世界所惊叹，一直沿用至今。

Passione 戒指

周大福（Chow Tai Fook），1929年创立于中国，拥有超过90年的历史，是中国著名的珠宝首饰品牌，在1956年首创了999.9‰纯金首饰。1990年，周大福率先以成本加上合理的利润创新推行珠宝首饰"一口价"的形式流行至今，荣获的殊荣有"黄金珠宝奥斯卡"和"Luxury Superbrands"国际超级品牌等，主要产品有高级珠宝、黄金首饰和钟表等。

海瑞·温斯顿（Harry Winston），1932年创立于美国，有"钻石之王"之称，秉承只使用顶级的宝石作为原料，宁愿牺牲质量而为每颗原石找到最适合的切割形状，使得钻石转手便可以增加数倍的价值。历史上三颗巨型钻石（726克拉的Jonker Diamond、Vargas和970克拉的Sierra Leone）均被Harry Winston收藏。

福星宝宝吊坠

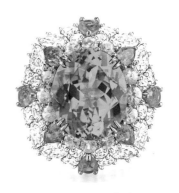

Winston Candy 指戒

迪奥（Dior），1946年创立于法国，是著名奢侈品品牌，产品涵盖服装、包、香水、化妆品、珠宝、腕表和眼镜等。1998年，迪奥成立高级珠宝部，迪奥高级珠宝由此诞生。迪奥高级珠宝从各种历史风格及花卉题材中汲取灵感，利用缤纷的彩色宝石赋予作品以独特的性格。除了高级珠宝外，迪奥还有铜制的时尚饰品，受到很多人喜爱。

格拉夫（Graff），1960年创立于英国，从钻石矿产到成品珠宝，大量罕见的钻石、经典的款式将奢华尽情演绎。

黄铜做旧工艺胸针

蝴蝶幻影系列一体链

在以上品牌中，笔者更钟爱于卡地亚高级珠宝。这个品牌可以说是高级珠宝品牌中的典型代表，由于受西方艺术史的影响，其璀璨光辉百年发展历程所折射出的正是珠宝百年变化的历史，它反映了西方在那段时期的文化与艺术思潮。下面介绍卡地亚珠宝的百年芳华。

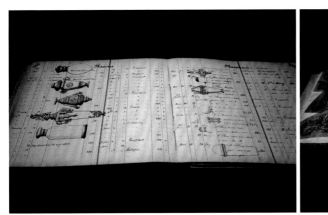

卡地亚古董珠宝设计草图

　　卡地亚品牌在发展过程中，曾受到法国新艺术运动、宫廷装饰艺术及当时流行服饰纹样的影响，大量运用富有曲线美的花卉、藤蔓、蕾丝、丝带等造型元素，创造出了轻盈的"花环风格"。这种风格迅速流行，一方面是因为卡地亚首次将白金（铂金）引入珠宝创作中，既坚固又轻盈，与此同时"露珠边"镶嵌工艺的出现为珠宝增添了极其柔美的装饰花边；另一方面是因为卡地亚为皇室婚礼提供的花环风格婚庆花嫁设计作品迅速赢得了众多皇室贵族的追捧，将"花环风格"推向顶峰，也为品牌后续发展奠定了稳固的基础。下图为法国新艺术运动时期的卡地亚珠宝作品。

法国新艺术运动下的卡地亚古董珠宝

法国新艺术运动下的卡地亚古董珠宝（续）

❷ 钻石与切割

提到珠宝的发展，就不得不提及钻石切割技术的发展。钻石是世界上极其坚硬的物质，切割难度极大，其切割、抛光和原料利用率会直接影响它的价值。钻石琢型起源于印度，起初人们仅能磨出 8 个刻面，1919 年数学家塔克瓦斯基设计出了 58 个刻面的标准圆形钻石，如下图所示。

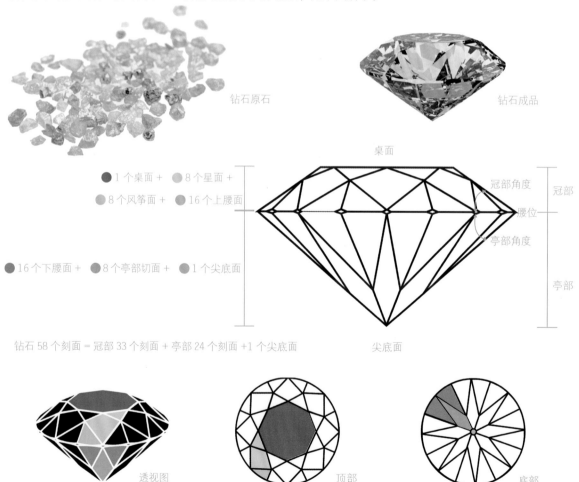

钻石原石

钻石成品

桌面

● 1 个桌面 + ● 8 个星面 +

● 8 个风筝面 + ● 16 个上腰面 +

冠部角度

冠部

腰位

亭部角度

● 16 个下腰面 + ● 8 个亭部切面 + ● 1 个尖底面

亭部

钻石 58 个刻面 = 冠部 33 个刻面 + 亭部 24 个刻面 +1 个尖底面

尖底面

透视图

顶部

底部

58 个刻面标准圆形钻石（圆明亮型切割）

从起初的 8 个刻面切割到后来 58 个刻面的标准圆明亮型切割，钻石琢型技术经历了 4 个世纪左右的探索之路，衍生出了阿斯切、祖母绿形、圆形、心形、椭圆形、马眼形、梨形和公主方等常见钻石切割形状，如下图所示。

常见钻石切割形状

切割比例完美的钻石具有很强的火彩。钻石火彩是指钻石反射出的耀眼彩光，这种现象是钻石色散作用的结果。对于"色散"这一概念我们并不陌生，阳光由 7 种基本色组成，但能看到的是其组合后的光，这种光称为白光；而色散是将白光通过透明材料分解成多种其组成色的现象，钻石就是这种透明材料。在所有的天然宝石中，钻石的色散度是比较强的，因此散发出的火彩极其耀眼，如右图所示。

钻石火彩

现今，比利时的安特卫普、以色列的特拉维夫、美国的纽约和印度的孟买这四大钻石加工中心仍在不断地突破创新，创造出更多新颖精美的钻石切割形状，如切割面极多的雷迪恩切割和用于个性化设计使用的各种异形切割，极具代表性的要数佛形切割，如下图所示。这些切割形状的出现使得珠宝设计形式不再单一化。

雷迪恩切割

佛形切割

♡ 小贴士

传统单一形状钻石的"堆积设计"，如下图所示。

宝格丽古董钻石手链

宝格丽古董钻石项链

卡地亚古董钻石项链

比利时钻石高阶层议会（HRD）成立于 1973 年，是国际认可的官方组织，总部位于比利时安特卫普，是钻石检验、研究和证书出具机构，也是全球最大的钻石交易中心。"HRD AWARDS 钻石首饰设计大赛"是由安特卫普世界钻石中心（AWDC）面向全球每两年举办一次的国际钻石设计大赛，被公认为世界上极具影响力的珠宝钻石设计大赛，相当于珠宝界的"奥斯卡"，该项大赛要求所设计的珠宝必须以钻石为主，而形式更偏向于概念设计。

❸ 宝石与切割

宝石的切割面数量和钻石的不一样，钻石的切割面数量是有要求的，而宝石没有，只有近年来市场上出现的所谓"精切"宝石才能达到和钻石一样的切割面数量。一般传统的宝石切割都会从"保重"和"显色"两方面来确定切割方式和刻面数量，大致保证台面数差不多就可以了，尽可能让宝石保持最大质量，如下面左图所示。虽然宝石的切割面没有钻石那么多，但是切割方法和钻石是同样的原理，如下面右图所示。

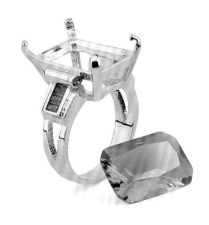

宝石切割

同等大小和形状的钻石与宝石切割面数量对比

💟 小贴士

一般用于精切的宝石都具备两个特征：一是宝石价值不高，因为精切会切掉过多宝石原料，最终导致宝石质量减小，所以名贵宝石不会选择精切工艺；二是宝石质量较大，确保可以进行精细切割，因为精细切割对于太小的宝石来讲是很难操作的。

正因为宝石的切割要考虑到"保重"和"显色"，所以切割时冠部多采用明亮形切工，这样可以使宝石呈现出迷人的火彩，亭部采用梯形切工，在使宝石保重的同时能获得更好的颜色，这样最终其台面数量一般都差不多，主要差异在于亭部。一般来说，1 ～ 3 克拉宝石刻面多以 36~48 面为主，对于个别大克拉精切宝石来说，58 面的也有，而配石类的小宝石多数是十多个刻面的单反石。宝石常见切割形状有圆形、垫形、八角形、三角形、水滴形、心形、椭圆形、长阶梯形、马眼形和糖包山形（或称"糖塔形"）等。下面以红宝石、蓝宝石和祖母绿为例进一步了解宝石切割的形状。

红宝石原料

八角形刻面红宝石

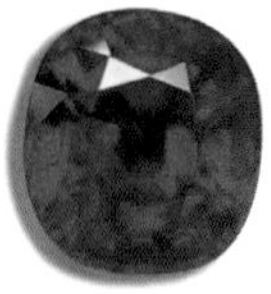

垫形刻面红宝石

水滴形素面红宝石

水滴形刻面红宝石

心形刻面红宝石

糖塔形红宝石

长阶梯形刻面红宝石

椭圆形刻面红宝石

红宝石成品

圆形素面红宝石

琢型后的红宝石

蓝宝石原料

垫形刻面蓝宝石

三角形刻面蓝宝石

胖四边形刻面蓝宝石

糖塔形蓝宝石

椭圆形刻面蓝宝石

心形刻面蓝宝石

圆形刻面蓝宝石

蓝宝石成品

琢型后的蓝宝石

祖母绿原料

一般红宝石、蓝宝石和祖母绿这类名贵宝石作为主石的时候，如果外围群镶一圈白色钻石，通常会使用黄色 18K 金作主石的镶口，并将主石镶口抬高（略高于外围配石的高度），外围配石使用白色 18K 金做金属镶口，这样既美观又醒目，凸显了主石的名贵。

祖母绿成品

八角形刻面祖母绿

经典八角形刻面祖母绿

马眼形刻面祖母绿

三角形刻面祖母绿

长水滴形素面祖母绿

胖水滴形素面祖母绿

糖塔形祖母绿

椭圆形素面祖母绿

胖水滴形刻面祖母绿

圆形刻面祖母绿

圆形素面祖母绿

琢型后的祖母绿

和钻石一样，宝石的切割技术也在日益更新，满足着人们对美的更高要求。"梦幻切工"（即凹面切割）应运而生，这种宝石的台面和一般宝石的台面不一样，它是由一个个小的凹面组成的，折射出来的火彩是其他常规切工无法媲美的。右图所示是在黄色蓝宝石上进行梦幻切工，其难度非常大，需要大师级切割师用一周以上的工时才能完成。

"梦幻切工"的黄色蓝宝石

❹ 生产与贸易

目前国际上金、银、铂首饰生产和贸易的主要国家是意大利和中国。中国珠宝生产基地主要是在以钻石精加工为主的深圳，以彩宝加工为主的番禺，以黄金生产为主的顺德、伦教、莆田，以传统银器加工为主的云南，以玉石打磨为主的四平和以饰品生产加工为主的义乌。

全球宝石集散地主要是印度和泰国。虽然祖母绿是在赞比亚、哥伦比亚和阿富汗等地开采的，但贸易集中在印度，印度是全球四大切割集散地之一，红宝石、蓝宝石、祖母绿、钻石与猫眼石这"五大宝石"基本上都会在印度进行交易。碧玺、帕拉伊巴贸易集中在泰国的曼谷和尖竹汶府。如果要买高端宝石，首推印度，其次泰国。日本是海水珍珠集散地，海水类珍珠产品（日本 Akoya 珍珠、南洋金珠、大溪地黑珍珠）首选日本，淡水珍珠的集散地是中国浙江的山下湖。世界宝石矿产资源主要分布情况如表1-1所示。

表1-1 世界宝石矿产资源主要分布情况

国家	主要的宝石矿产资源
中国	橄榄石、软玉（指和田玉、碧玉等，即透闪石；硬玉指翡翠等）、蓝宝石、淡水珍珠、海蓝宝石、碧玺、石榴石、绿松石、玛瑙
巴西	钻石、海蓝宝石、彩色托帕石、彩色碧玺、祖母绿、猫眼石、紫水晶、芙蓉石、玛瑙
缅甸	翡翠、红宝石、蓝宝石、尖晶石、镁铝石榴石、星光辉石、月光石、碧玺、橄榄石
斯里兰卡	蓝宝石、红宝石、猫眼石、星光蓝宝石、星光红宝石、月光石、镁铝石榴石、紫水晶、尖晶石、碧玺
印度	钻石、蓝宝石、绿柱石、琥珀、金绿宝石、红宝石、石榴石、紫水晶、橄榄石、尖晶石、碧玺、托帕石、矽线石猫眼
泰国	蓝宝石、红宝石、尖晶石
马达加斯加	紫水晶、海蓝宝石、祖母绿、蓝宝石、变彩拉长石、红色碧玺、粉色碧玺、绿色碧玺、黄水晶
澳大利亚	钻石、欧泊、绿玉髓
南非	钻石、紫水晶、祖母绿
越南	红宝石、蓝宝石、粉红及紫色尖晶石、碧玺、金绿宝石
加拿大	钻石、软玉
哥伦比亚	祖母绿
俄罗斯	钻石、祖母绿、蓝宝石、变彩拉长石、石榴石、绿柱石、尖晶石、软玉、变石
美国	红色碧玺、石榴石、绿松石
阿富汗	青金石、红宝石、蓝宝石、祖母绿

1.2 熟悉材质

1.2.1 珠宝常用的金属

❶ 常用的金属

加工珠宝常用的贵金属有金、铂、钯、银等及其合金，非名贵金属有铜、钢、钛等及其合金。

选择珠宝材料时需要考虑加工的可实现性，比如足金和足银很软，不能用于镶嵌类首饰，而其合金硬度比足金和足银高，可以抓牢宝石，常用于镶嵌类珠宝设计与制作。目前珠宝首饰常用金属成色有千足金、足金、18K 金、千足银、足银、925 纯银、Pt990、Pt950 和 Pt900 等，日本和欧洲喜欢用 22K 金、14K 金、10K 金和 9K 金等含金量较低的合金进行珠宝设计与制作。通常所称的 24K 黄金为纯金，它的合金如果是 18K 金就说明其纯金含量为 750‰（18 除以 24 等于 0.75，即 750‰），含金量越高合金越软，反之越硬。

铂金（Platinum，简称 Pt），是一种天然纯白色的贵金属，比其他贵金属都要重，相同体积的铂金比白色 K 金重 40% 左右。根据国家规定，只有铂金含量在 850‰ 及以上的珠宝才能称为铂金珠宝，并且珠宝细节处均带有铂金专用标志——Pt 或铂。常见的铂金珠宝标志表现形式有"Pt900"或"铂900"，其代表铂含量为 900‰，"足铂"则表示铂含量 ≥ 990‰。

白色 K 金 (White Gold) 是一种合金，通常由 750‰ 的黄金和其他金属混合而成，表面呈现出白色，俗称白色 18K 金，它往往被误以为是白金（即铂金）。

铂金和白色 K 金的区别如表 1-2 所示。

表 1-2 铂金和白色 K 金的区别

名称	铂金（白金）	白色 K 金
形成方式	天然形成	人工合成
成色纯度	纯度极高，通常都高达 900‰~950‰	由黄金及其他金属混合而成，白色 18K 金的含金量为 750‰
是否褪色	铂金为天然纯白色，永不褪色	白色 K 金是由黄金和其他金属混合而成的，佩戴久了容易褪色泛黄

金、银合金的成分如表 1-3 所示。

表 1-3 金、银合金的成分

名称	成分
18K 金	18K 白色 K 金 = 75% 黄金 +25%（银、镍、锌、铂）
	18K 黄色 K 金 = 75% 黄金 +25%（银、镍、锌）
	18K 玫瑰 K 金 = 75% 黄金 +25%（银、铜、锌）
925 纯银	纯银（国际标准）= 92.5% 足银 +7.5% 铜

❷ 金属成色与字印

　　商业珠宝产品为了进行区分，会标记出材质、成色、重量，以及生产加工信息等，以字印形式用激光打在珠宝主体隐蔽处。通常镶嵌类珠宝从左往右依次是公司印、成色印、石重印、暗标印、代镶印和工厂印，非镶嵌类从左往右依次是公司印、成色印、暗标印和工厂印。不同字印的间隔至少需要保持一个字符的间距，所有字印必须清晰、整齐且方向统一。

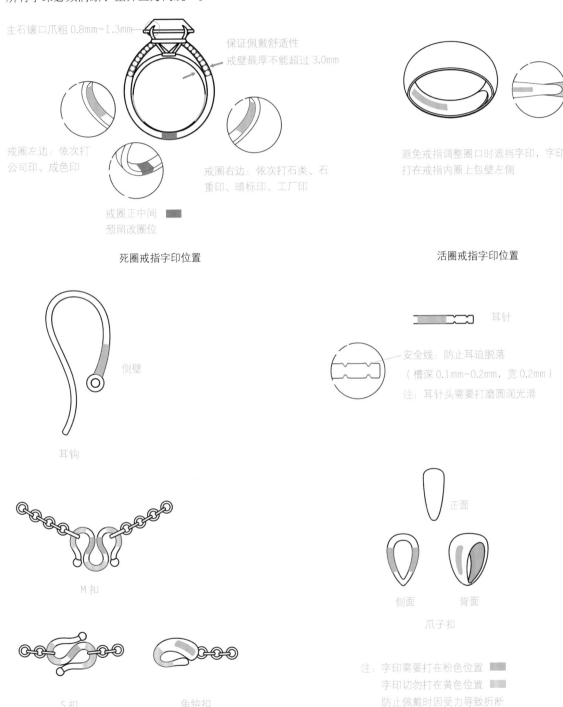

主石镶口爪粗 0.8mm~1.3mm

保证佩戴舒适性
戒壁最厚不能超过 3.0mm

戒圈左边：依次打
公司印、成色印

戒圈右边：依次打石类、石重印、暗标印、工厂印

戒圈正中间
预留改圈位

死圈戒指字印位置

避免戒指调整圈口时遮挡字印，字印打在戒指内圈上包壁左侧

活圈戒指字印位置

侧壁

耳钩

耳针

安全线：防止耳迫脱落
（槽深 0.1mm~0.2mm，宽 0.2mm）
注：耳针头需要打磨圆润光滑

M 扣

正面

侧面　　背面

爪子扣

S 扣　　　鱼钩扣

注：字印需要打在粉色位置
字印切勿打在黄色位置
防止佩戴时因受力导致折断

耳饰、项链字印位置

公司印是指公司品牌 Logo 标记，一般为公司英文名称的缩写或图形商标符号；成色印是指含金量或含银量的字印；石重印是指镶嵌类产品所镶嵌的钻石、宝石的质量（单位：克拉；1 克拉 =0.2 克）字印；暗标印一般是防伪记号；代镶印或工厂印是指代工镶嵌加工的厂商商标符号。由于珠宝工艺繁多，因此大多数工厂只做整个珠宝加工流程中的一部分，其余都需要外包出去。镶嵌这种工序常常都是由外包工厂来完成的，因此大多数由外包工厂代加工的珠宝产品上会刻有代加工工厂印。常用珠宝主体和其配件的成色与字印如表 1-4 所示。

表 1-4 常用珠宝主体和其配件的成色与字印

主体材质	主体成色		主体字印	配件成色	配件字印
金及其合金	千足金	999‰	千足金	990‰	足金 /Au990
	足金	990‰	足金		
	22K 金	916‰	Au916	916‰	Au916
	18K 金	750‰	Au750	750‰	Au750
	14K 金	585‰	Au585	585‰	Au585
	10K 金	417‰	Au417	417‰	Au417
	9K 金	375‰	Au375	375‰	Au375
铂及其合金	千足铂	999‰	千足铂	950‰	Pt950
	足铂	990‰	足铂		
	铂金 950	950‰	Pt950		
	铂金 900	900‰	Pt900	900‰	Pt900
	铂金 850	850‰	Pt850	850‰	Pt850
银及其合金	千足银	999‰	千足银 /S999	925‰	S925
	足银	990‰	足银 /S990		
	925 纯银	925‰	S925		

注：1. 货品整体成色包括焊药成分；2. 非贵金属类如铜、钢、钛等，无须打成色字印；3. 虽然 14 除以 24 不等于 0.585，但为了方便，国际上一般把 14K 金的黄金含量约定为 585‰

1.2.2 珠宝常用的宝石

在国际上，宝石分为彩色宝石、钻石、珍珠三大类，在国内通常分为天然宝石和人工宝石两大类，如表 1-5 所示。

业内通常称所有宝石、钻石、珍珠和玉石为"石头（Stone）"。本书后续也将以"石头"来指代所有镶嵌物，将镶嵌宝石简称为"镶石"，将选择宝石简称为"选石"。

表 1-5　国内常见宝石分类

宝石分类		说明
天然宝石	有机宝石	有机材料，如珍珠、珊瑚、琥珀等
	无机宝石	无机材料，天然和人工矿物宝玉石
人工宝石	合成宝石	高仿赝品，部分或全部由人工制造而成
	人造宝石	虚构创造，没有天然对应物的人工材料
	拼合宝石	树脂黏合，将小颗粒宝石拼成大颗粒宝石，如拼合欧泊
	再造宝石	碎末压制，将天然的宝石碎末黏合在一起，如再造绿松石

❶ 彩色宝石

在彩色宝石这部分，本书着重介绍"刚玉家族""绿柱石家族"和"电气石家族"的重要成员。

提到刚玉不得不提到名贵的红、蓝宝石，它们都属于刚玉，硬度仅次于钻石。红宝石是指颜色呈红色的刚玉，红色来自铬元素（Cr），只有由铬元素致色的红色刚玉才能叫作红宝石（Ruby）。蓝宝石（Sapphire）的经典颜色是蓝色，在铁元素（Fe）和钛元素（Ti）的作用下使其呈现蓝色，元素的含量不同，蓝宝石的颜色也会出现深浅以及色调的不同。刚玉中除了红色和蓝色以外所有刚玉宝石都被称作彩色蓝宝石，以"X"色刚玉或"X"色蓝宝石命名，因此蓝宝石并不是单纯指蓝色宝石，它还包括粉色（粉蓝宝）、橙色（橙蓝宝）、黄色（黄蓝宝）、紫色（紫蓝宝）、绿色（绿蓝宝）等其他颜色的宝石。但除了这些常规彩色蓝宝石以外，还有一种不用颜色来命名的特殊彩色蓝宝石"帕帕拉恰（Padparadscha）"，通常，帕帕拉恰是指橙、粉色各占 30% 的彩色蓝宝石，而最完美的颜色是 50% 粉色加上 50% 橙色，非常珍贵，如今"帕帕拉恰"已是橙粉色蓝宝石的专属名词。

帕帕拉恰（日落色）　　　　　　　　帕帕拉恰（晨曦色）　　　　　　　粉色蓝宝石

橙色蓝宝石　　　　　　黄色蓝宝石　　　　　　紫色蓝宝石　　　　　　绿色蓝宝石

刚玉

在绿柱石中，呈深绿色的叫作祖母绿（Emerald），呈金黄色的叫作金色绿柱石（Golden Beryl，国内通常叫作金色海蓝宝），呈蓝色的叫作海蓝宝石（Aquamarine），而海蓝宝石的颜色为天蓝色到海蓝色或带绿的蓝色，它的颜色来自微量的二价铁离子（Fe^{2+}）。近年来，非常流行的宝石中就有海蓝宝石中的圣玛利亚，这种明亮的湛蓝色调是最高品质海蓝宝石的标志。还有娇艳的摩根石（即粉色绿柱石），因为含有锰元素（Mn）才得以呈现出如此娇艳的粉红色，也有少数含铯元素（Cs）的粉色摩根石，由于含铯元素通常折射率会较高，所以含铯元素的粉摩根石会像粉钻一样闪耀璀璨。

金色绿柱石　　　　　　　　圣玛利亚　　　　　　　　粉色摩根石

绿柱石

电气石为矿物学名称，宝石学名称为碧玺（Tourmaline，意为"混合宝石"），碧玺的成分复杂，含有铝、铁、镁、钠、锂、钾等化学元素，所以颜色也复杂多变，呈现出各式各样的颜色，如下图所示。含铁元素的碧玺呈黑色和绿色，含锂（Li）、锰、铯元素的碧玺呈玫瑰红色、粉红色、红色或蓝色，含铬元素的碧玺呈深绿色。同一碧玺晶体中，由于成分的分布不均匀，往往也会导致颜色的变化，使碧玺颜色呈双色、多色或内红外绿的西瓜色（即西瓜碧玺），一般颜色越浓艳价值越高。提到碧玺一定要了解帕拉伊巴（Paraiba），它于 1989 年发现于巴西帕拉伊巴州而得名，属于碧玺的一种，被誉为碧玺之王。与其他碧玺不同的是，其内部独特的致色元素——铜元素（Cu）和锰元素使其呈绿蓝色调。

绿色碧玺　　　　　　　粉红色碧玺　　　　　　　深绿色碧玺

帕拉伊巴

双色碧玺　　　　　　　多色碧玺　　　　　　　西瓜碧玺

电气石

疑难解答

如何理解帕拉伊巴、帕帕拉恰和圣玛利亚？

这都是宝石颜色的代称，帕拉伊巴是碧玺、帕帕拉恰是蓝宝石、圣玛利亚是海蓝宝石。

宝石的常见特性如表 1-6 所示。

表 1-6 宝石的常见特性

特性	说明	
美丽性	颜色	指纯正度、均匀度、艳丽度
	净度	指透明度
	光泽	指所谓的“灵气”
	效应	指星光、猫眼等光学效应，如下图所示
耐久性	指物理硬度和化学稳定性	
稀有性	指品种和品质稀有	

星光效应

猫眼效应

小贴士

在所有宝石中，具有猫眼效应的宝石品种很多，国际标准中只有金绿宝石的猫眼效应能直接称为猫眼，而其他具有猫眼效应的宝石则需在其前面加上宝石的名称，如祖母绿猫眼和海蓝宝石猫眼等。

产生星光效应和猫眼效应的原因是宝石里面形成的“包裹体”。在自然界中，天然宝石都要在地下经过漫长的演变时间。在这个过程中会有一些其他物质融入宝石里面形成包裹体，宝石学家称它们为“花园”，下面左图为祖母绿的包裹体。宝石包裹体的种类有很多，它们让宝石成为比较特别的存在，通过不同的包裹体特征可以判断出宝石的种类，如针状包裹体是红宝石的常见包裹体之一，当素面（必须弧面非刻面）红宝石里面出现以一定夹角定向排列的针状包裹体时，红宝石就会形成星光效应，也就是星光红宝石，如下面右图所示。

显微镜下祖母绿内部包裹体

星光红宝石

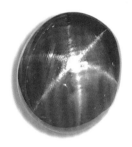

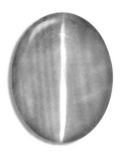

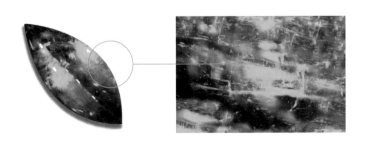

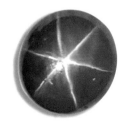

由于人们对天然宝石的喜爱，久而久之便为天然宝石赋予了各种美好的向往和期望，宝石也就具有了各种美好的象征意义，如表 1-7 所示。

表 1-7　十二生辰宝石代表的含义

月份	生辰石	含义
1 月	石榴石	友爱、忠实
2 月	紫水晶	真诚、善良
3 月	海蓝宝石	勇敢、聪明
4 月	钻石	纯洁、无瑕
5 月	祖母绿	幸福、幸运
6 月	珍珠	健康、富裕
7 月	红宝石	热情、爱情
8 月	橄榄石	幸福、美满
9 月	蓝宝石	尊贵、慈爱
10 月	碧玺	福运、快乐
11 月	托帕石	友谊、长久
12 月	坦桑石	成功、幸运

除了传统珠宝首饰所使用的金属和宝石材料外，有时为了塑造多样化的珠宝造型和传达某种特定的珠宝情感，设计师常常会选用各种其他非传统材料，如石头、玻璃、陶瓷、木材、布料、塑料、兽骨、羽毛、果核、皮毛和特种纸等作为其艺术展现的载体。右图所示的是用特种纸制成的流苏戒指，现实中很难佩戴出去，它的设计只是为了传达一种概念与情感。

概念款纸质流苏戒指作品"梦回唐朝"

❷ 钻石

俗话说，黄金有价玉无价，玉石在目前国际市场暂时没有对应的评级、定价标准，因此价格很模糊，但钻石和珍珠的评级、定价标准就相对比较完善。

钻石是指经过琢型的金刚石，金刚石是在地球深部经过高压、高温条件形成的一种由碳元素组成的单质晶体。下图所示为标准圆明亮型钻石及火彩。全球每年开采的绝大多数为带有微黄或棕的钻石，统称为无色（或近无色）钻石，并依据它们带黄（或棕）的程度制定了由"无色"的 D 色到"带有多色"的 Z 色等级。如果钻石所含的黄色超过了 Z 色标准，则进入彩色钻石（Fancy Color）范围。因此，钻石颜色可分为无色~浅黄（褐／灰）色系列和彩色系列两大类。

白色钻石

♦ 疑难解答

如果钻石所含的黄色超过 Z 色标准就会成为彩钻中的黄钻吗？

这种说法是不准确的，因为比 Z 色还黄的也有可能是棕色或咖色，简单理解为达不到黄钻标准的就是黄得"不到位"，超出规范的颜色范围都是"垃圾"，不值钱。在所有的彩色宝石中，只有其颜色的色相和饱和度达到一定标准了才能有独特的名称，比如这里所提到的黄钻，还有彩色宝石中的帕拉伊巴、帕帕拉恰、圣玛利亚都是因为达到某种色相和饱和度才有了自己独特的名称。

钻石的价值和品质评判标准由钻石的质量（Carat）、净度（Clarity）、颜色（Color）和切工（Cut）4 个标准构成，如表 1-8 ~ 表 1-12 所示。由于 4 个标准的英文首字母均为 C，所以通常称作"4C 标准"，一般来说，钻石价格＝质量＋颜色＋净度＋切工。在挑选钻石时除了要考虑4C，还要考虑钻石的"奶、绿、咖、荧"等问题，带"奶"的钻石看起来像是被滴了牛奶一样，带"咖"的钻石看起来显咖啡色，带"绿"的钻石显绿色，带"荧"的钻石带有荧光（证书中 N 表示不带荧光，F 表示微弱荧光，M 表示中荧光，S 表示强蓝荧光），不带荧光的钻石要更加闪亮。无奶无咖无绿无荧光的钻石是最好的，消费者在选购钻石时，关于钻石的基本情况信息都可以从其对应的证书上获得，市场上超过 0.3 克拉重的钻石都是带有证书的。证书有很多种，常见的有 GIA（美国宝石研究院）证书和 NGTC（国家珠宝玉石质量监督检验管理中心）证书等。

GIA 证书是国际认可的证书，NGTC 证书是国内认可的证书，它们认证的钻石腰部都会有腰码，类似人的身份证，独一无二。GIA 认证的钻石及腰码如下图所示。

钻石腰码特写

表 1-8 质量与单位换算

质量	珠宝领域中金属质量单位用"克（g）"表示，宝石质量单位用"克拉（ct）"表示，简称"卡"
单位换算	1 克 =5 克拉（1 克拉 =0.2 克），1 克拉分为 100 份，每一份称为"1 分"，即 0.01ct=1 分，0.5 克拉也叫"50 分""半克拉"或"半卡"

表 1-9 GIA 钻石净度分级

等级		钻石表现
FL	完美无瑕级（Flawless）	在 10 倍放大镜下观察，钻石没有任何内含物或表面特征
IF	内无瑕级（Internally Flawless）	在 10 倍放大镜下观察，无可见内含物
VVS1	极轻微内含级（Very Very Slight Included）	在 10 倍放大镜下观察，钻石内部有极微小的内含物，即使是专业鉴定师也很难看到
VVS2		
VS1	轻微内含级（Very Slight Included）	在 10 倍放大镜下观察，钻石的内部可以看到微小的内含物
VS2		
SI1	微内含级（Slightly Included）	在 10 倍放大镜下观察，钻石有可见的内含物
SI2		
I1	内含级（Inperfect）	钻石的内含物在 10 倍放大镜下明显可见，并且可能会影响钻石的透明度和亮泽度
I2		
I3		

表 1-10 GIA 钻石颜色分级

等级	无色（最好）	接近无色（较好）	微黄（一般）	微浅黄（差）	浅黄（最差）
代码	D、E、F	G、H、I、J	K、L、M	N~R	S~Z

表 1-11 钻石切工分级

等级	Excellent（极好）	Very Good（很好）	Good（好）	Fair（一般）	Poor（略差）
钻石切工	包括切工、抛光和对称，3EX 代表这 3 项都是完美的，即切工完美、抛光完美和对称完美。钻石证书中完美切工标注为 3EX（Excellent）。 注："极好"，即所谓的"完美"；现实中标注"一般"的钻石，代表其品质已达到"合格"标准				

表 1-12 钻石报价单内部数据信息及含义

信息	1.57	G	SI1	3EX	N	-37	61547
含义	质量 1.57ct	颜色 G 色	净度 SI1	切工、抛光、对称完美	无荧光	折扣 6.3 折	报价 61547 元

◇ 小贴士

相对于白钻石而言，黑钻石比较稀少。黑钻石由于内部呈黑色多孔结构，比白钻石更具亲油性，你会发现黑钻石台面总会有污渍，而且擦掉还会频繁出现，这是黑钻石的特质。当然黑钻石并不会因为表面总是"脏脏的"而失去宠爱，反而独特的完全不透明的炭黑色被越来越多的设计师和珠宝爱好者所喜爱，被应用于各种时尚个性的设计中。

黑钻石如下图所示。

黑钻石

彩色钻石的魅力来自其独特而稀有的色彩，钻石的色彩稀有程度和颜色的浓艳程度决定了彩钻的价值，彩钻的颜色越稀有、越浓、饱和度越高，价值也就越高。对于无色钻石的 4C 评级标准已不在彩钻首先考虑的因素之内。同级别的彩色钻石按价格从高到低排序分别是红钻、蓝钻、粉钻、黄钻、绿钻和橘钻，如下图所示。彩钻主要看颜色和饱和度，绿钻和橘钻如果饱和度够高，则价值也不菲。

| 红钻 | 蓝钻 | 粉钻 | 黄钻 | 绿钻 | 橘钻 |

彩色钻石

GIA 彩钻评级中，颜色等级由高到低排序如下。

艳彩（Fancy Vivid）—深彩（Fancy Deep）—浓彩（Fancy Intense）—暗彩（Fancy Dark）—中彩（Fancy）—淡彩（Fancy Light）—淡（Light）—很淡（Very Light）—微（Faint）。

❸ 珍珠

与前面介绍的宝石、钻石这些矿物宝石不同，珍珠是有机宝石，一直以来是女性的至爱。从 17 世纪荷兰画家约翰内斯·维米尔绘制的《戴珍珠耳环的少女》到女神奥黛丽·赫本在《蒂凡尼的早餐》中佩戴珍珠项链的经典形象，无不诠释着女人对珍珠的喜爱之情。下面来详细解读珍珠的品种及特点。

珍珠的价值和品质评判标准由珍珠的珠层厚度、光泽、形状、瑕疵和颜色这 5 个因素决定。

淡水珍珠是养殖在湖里或河里的珍珠，主要产于我国珍珠之乡浙江诸暨山下湖。除直径 8 mm 以上的珍品外，与海水珍珠价值相差较大，海水珍珠主要有南洋珍珠、大溪地黑珍珠和日本 Akoya 珍珠。各类海水珍珠的特点如表 1-13 所示。

《戴珍珠耳环的少女》（局部）

《蒂凡尼的早餐》剧照

表 1-13　各类海水珍珠的特点

品种	产地	特点	示意图
南洋珍珠	南洋珍珠是产于南太平洋的海水珍珠，主要有白色、银色和金色，有"珍珠之后"的美誉。白色南洋珠的价值高于金色南洋珠的价值。澳大利亚是全球最主要的南洋珍珠产地，所产的南洋珍珠以银色为主，白色和金色的则主要产于泰国、缅甸、印尼和菲律宾等东南亚国家	1. 色泽绚丽 2. 颗粒大且无瑕 3. 形态圆润、饱满 4. 常见的直径在 9mm~14mm，直径超过 14mm 的非常名贵	
大溪地黑珍珠	大溪地黑珍珠是大溪地海水中黑碟贝孕育出的高贵珍珠	1. 黑灰底色中呈现绚紫、粉红、海蓝和孔雀绿等彩虹色 2. 常见的直径为 9mm~10mm，直径在 11mm 以上的为珍品黑珍珠，直径超过 15mm 的黑珍珠非常名贵	
Akoya 珍珠	Akoya 珍珠是产于日本三重、熊本、爱媛县一带濑户内海的马氏贝，一个母贝只能孕育一颗 Akoya 珍珠	1. 圆润度相对较高 2. 光泽强 3. 常见的直径为 5mm~8mm，直径为 9mm 的为珍品 Akoya 珍珠，最大直径不会超过 10mm 4. 珠层厚度＞0.35mm	

Akoya 珍珠等级分类及其特点如表 1–14 所示。

表 1- 14 Akoya 珍珠等级分类及其特点

等级与分类	分类依据	特点	示意图
Akoya 中的"花珠"	花珠是日本真珠科学研究所描述的没有经过任何人工处理的品质最好的 Akoya 珍珠，其中直径低于 6mm 的花珠被称为"彩凛珠"	1. 形状圆润 2. 光泽最强 3. 表面无瑕或微瑕（几乎所有珍珠都是有瑕疵的，无瑕也是近距离肉眼可观测出来微瑕的） 4. 带有强粉色调的白色珍珠 5. 珠层厚度＞ 0.5mm 注："特选珍珠"不是通过评级得到的，而是评选出来的。日本珍珠行业协会每年会举办约两场特选珍珠评选比赛，每家珍珠公司都会拿出顶级的天女珠去参与评选，俗话说无瑕不成珠，瑕疵是珍珠不可避免的，天女珠或多或少会有少量生长纹理，但是"特选珍珠"由于它的珍珠层是极其细密的，可以达到几乎无瑕，即便有也是在珠串不易察觉的侧、背面	
Akoya 中的"天女"	天女是日本真珠科学研究所描述的没有经过任何人工处理的花珠中的顶级品，是花珠中的"最高"级别的专属名称。值得一提的是，被评选为天女珠必须是整条项链，单颗裸珠不能评定为天女		
Akoya 中的"特选"	特选是日本真珠输出加工协同组合描述的 Akoya 天女珠中的最高级别的珍珠，因此并不是所有天女珠都是特选		
Akoya 中的"真多麻"	真多麻是日本真珠科学研究所描述的没有经过任何人工处理的高品质银灰蓝色 Akoya 珍珠，但并不是所有银灰蓝色 Akoya 珍珠都是"真多麻"		

判断珍珠光泽的方法：将珍珠拿到强光源处看人脸倒影，以人脸模糊不可见、人脸可见、五官可见和五官清晰可见等来评判珍珠光泽的级别，成像效果越清晰则说明珍珠的光泽越好。一般情况下，海水珠的形状和色泽好于淡水珠，如右图所示。

南洋白珍珠

❹ 翡翠

翡翠由以硬玉为主的细小纤维状矿物微晶交织而成，其三大要素是色、种和水。"色"是指翡翠呈现出的色相，常见的有绿色、黄色、晴水（特指水头较好的一类）、紫色等；"种"是指构成翡翠的结构和质地，种类也非常繁多，目前市场上比较多见的是冰种；"水"是指翡翠的透明度，常用几分水来表示，其中"一分水"表示光可透过翡翠 3mm，以此类推。

冰种是指翡翠的质地极为通透（半透明至透明）、清凉、水感、莹润

晴水是指质地水润且颜色呈淡油青微微返绿，像晴朗的天空一样

冰种无色水滴

高冰晴水蛋面

绿色的翡翠有很多不同程度和色相的绿，最受欢迎的还要数阳绿

冰种阳绿蛋面

高冰阳绿水滴

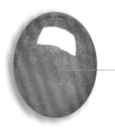

黄色的翡翠称为黄翡，颜色受到次生矿物褐铁矿影响，呈现出从黄到褐黄色的色相

紫色的翡翠称为紫罗兰翡翠，颜色像紫罗兰花一般

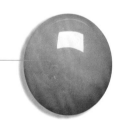

高冰黄翡蛋面

冰种紫罗兰蛋面

图说翡翠

◇ 小贴士

相传"翡翠"是古代的一种鸟，羽毛绚丽多彩，常见的雄性为红色，被称为"翡"；雌性为绿色，被称为"翠"。

❺ 解析宝玉石优化与处理

大多数宝玉石资源不可再生，世界宝玉石的产量也越来越少，特别是优质高档的宝玉石少之又少。业内经常会出现对宝玉石进行必要的优化现象，这种"优化"在业内是可接受的，比如祖母绿沁油与红、蓝宝石烧色，沁油和烧色在业内是非常正常的现象，而"处理"是不可接受的，如B货翡翠的做法。

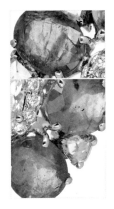

没有沁油且裂痕较多的祖母绿

没有沁油且杂质较多的祖母绿

市场上通常会有这样的说法，"祖母绿沁油"是为了增加宝石的净度和色彩，沁油的本质主要是为了增加成品率，由于天然祖母绿的裂纹比较多，打磨切割时容易碎裂，为了方便切割，需对其进行沁油，其方法是把油压进祖母绿的裂缝里面，增加祖母绿的密度，这样使祖母绿整体呈均匀透明状，缝隙看起来也会明显减少，如下图所示。

祖母绿沁油

祖母绿成品镶嵌

◇ 小贴士

影响祖母绿价格的因素除了质量以外最主要的两个因素是净度和沁油。对于净度因素，基本规律就是越干净价格越高，市面上价格低的祖母绿主要是因其净度不高所致；关于沁油，专业宝石证书GRS有5个等级，分别是None（无油）、Insignificant（极轻微）、Minor（轻度）、Moderate（中度）和Significant（显著），也有"Minor to Moderate"这样的过渡值表述方式，值得注意的是无油的祖母绿非常少见且价格也是非常高昂的。

红、蓝宝石烧色是对宝石进行增温加色，增加其透明度。宝石的形成是在地底，地底的压力和温度都很高，但有一些宝石在地底环境中"修炼"时间不够长，可以用烧色的方法来补充"修炼"时间。烧色加工的时间短，将宝石放在烤箱中加温（800摄氏度、1200摄氏度、1500摄氏度、1700摄氏度或2200摄氏度），一般一周左右即可。烧色不添加任何其他物质，只是通过高温改变宝石的物理性质和组织结构，但是烧色后内部形成的包体结构和自然形成的还是会有区别，烧色后的宝石包体周围通过10倍放大镜可以看到晕纹。

红宝石原矿石

颜色较浅的无烧红宝石

翡翠B货处理相当于"变废为宝"，需要进行注胶和酸处理来改变玉石的结构和本质，做出来的货品很大概率是有害的。翡翠B货处理和祖母绿沁油不一样，祖母绿沁油只是一种手法，沁油只是为了加固，保证成品率，不影响本质，并不是为了改变宝石品质和宝石价值，而B货翡翠注胶是把废料注胶后当作好的卖，处理形式和意义不一样。明明不用注胶，却将一堆废料通过特殊手段以次充好，获得更高价值利润。这可以简单理解为一个"老实"，一个"不老实"。烧色就更好理解了，首先烧色无任何人工添加，宝石本身是天然的，价格相对于无烧色又会便宜好几倍，这一点就和B货翡翠以次充好明显不同。

翡翠戒指

1.3 了解工艺

1.3.1 常用的珠宝制作工具

用于珠宝测量的工具主要有游标卡尺、测壁器和电子秤等，用于雕蜡起版的工具有电烙铁和起版蜡等，打磨、抛光和錾刻使用的工具有油锉、牙针、抛光轮和錾子等。

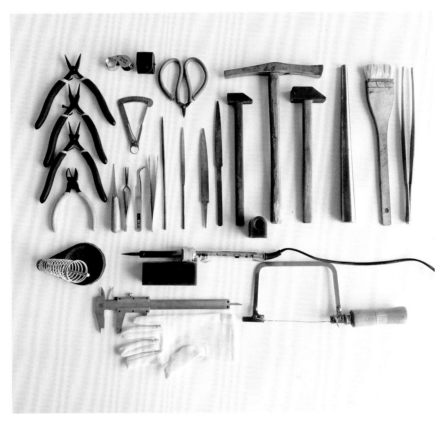

常用制作工具

◇ 小贴士

由于绿色起版蜡很坚硬，切割时不能使用美工刀，必须使用珠宝制作专用锯进行切割。

游标卡尺　电子秤

测壁器　放大镜

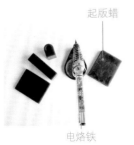

起版蜡

电烙铁

油锉　牙针

抛光轮　小号錾子

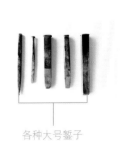

各种大号錾子

测量、雕蜡起版、打磨抛光、錾刻工具

1.3.2 珠宝制作流程

从设计图到实物珠宝需要经过很多道制作工序，最主要的四大珠宝制作工序为倒模、执模、镶嵌和电镀。在倒模前面还有起版工序，起版工序还可以细分出制作蜡模、铸造、压胶模和即蜡等工序，而执模后面还需要有出水、配石、肌理处理、抛光等必要工序。表 1-15 所示为珠宝首饰主要的制作工序流程表。

表 1-15 珠宝首饰主要的制作工序流程表

类别	流程
金铂类珠宝	设计 – 起版（制作蜡模、铸造、压胶模、即蜡）– 倒模 – 执模 – 出水 – 配石 – 镶嵌 – 肌理处理 – 抛光 – 珐琅 – 电镀 – 质检
纯银类首饰	设计 – 起版（制作蜡模、铸造、压胶模、即蜡）– 配石 – 镶嵌 – 倒模 – 执模 – 出水 – 肌理处理 – 抛光 – 电镀 – 珐琅 – 质检

以制作金铂、镶嵌类珠宝为例，具体操作流程如下。

第 1 步：珠宝设计。设计师经过构思进行精确绘图，设计时要规划好后续涉及的制作工艺和成本。

第 2 步：起版工序。珠宝起版工序包括做蜡版、铸造、压胶模和即蜡四步。

（1）做蜡版的方式有两种：一种是 CAD 画图并喷蜡版，多用于几何精准形状；另一种是手工雕蜡做版，多用于自然动物和植物等不规则形态。右图是花卉主题珠宝的手工雕蜡。无论是手工雕蜡还是计算机 CAD 画图再进行机器喷蜡，都是将平面图纸上的款式做成立体珠宝模型的过程。

手工雕蜡

◇ 小贴士

珠宝起版用的专业起版蜡质地较硬，如果是手工雕蜡起版需要用高温电烙铁将其熔化塑形，用吊机对其钻孔，用雕刻刀进行细节刻画，用各类锉、砂纸对其进行打磨等。

（2）铸造是通过失蜡浇铸法来获得金属样板的方法。将每个单独的蜡模用电烙铁焊接到一根蜡棒上，做成"蜡树"，如右图所示。将蜡树放进一个钢杯里，把液体石膏灌入钢杯中，待石膏凝固后，放在熔炉里慢慢加温进行脱蜡，直至蜡模慢慢熔掉消失，腾出一个与原蜡模形态等大的石膏空隙，再把液态银水倒入石膏空隙中，最后冷却银水并去除石膏，从中间取出银树冲洗干净，进行剪水口和铸件分拣（将银树上的首饰沿水口底部剪下晾干再进行分件存放）操作，如下页图所示。

种植蜡树

成品蜡树

放入钢杯

高温脱蜡

成品铸件

铸造过程

小贴士

　　水口是指首饰蜡模与蜡树相交的连接棒，可以理解成首饰就像一片树叶，水口是树枝，我们最终只想获得这片叶子，所以要去掉枝干结构。

水口

铸件分拣

　　（3）压胶模是指把做好的银版模型用橡胶填充，放在压模机中进行加热压制成胶模，冷却后用刀片把里面的银版模型取出，留下的一个凹形胶模，即用于批量生产的胶体模具。

　　（4）即蜡是获得胶模后，利用注蜡机向胶模里注入高温蜡液，从而批量复制珠宝蜡版，如右图所示。

即蜡过程

第3步：倒模工序。把即蜡后批量复制的珠宝蜡模进行正式生产铸造，在这之前的铸造及相关工作都是为了得到这个可以用于批量复制的胶模。

第4步：执模工序。把铸造好的粗糙铸件进行剪水口、锉水口、补焊砂眼及裂缝、矫正形状、走焊和组装处理。下图所示的是用油锉锉水口的操作。

锉水口

倒模工序

◇ 小贴士

需要特别说明的是，所有足金双面吊坠在焊接时必须将吊坠四周全部焊实，当焊接完毕后，吊坠底部需开两个小孔（开孔所用的牙针直径应小于0.7mm），开孔的作用和3D硬金产品表面留有一个小孔的原理相同，目的是便于排出吊坠内的残留物质和防止吊坠在遇热时出现爆裂现象。焊接位置需打磨光滑，不得出现砂孔、空隙和焊迹等瑕疵。

第5步：出水工序。珠宝执模仅仅是初步的打磨抛光，后续仍需要对其进行更细致的抛光处理，这时就需要进行出水操作，将首饰半成品放入装有不同形状不锈钢磨料的机器中旋转，类似于"搅拌机"，通常这才是第一次正式抛光，适用于生产大批量造型简单的珠宝首饰。

第6步：肌理处理。珠宝的金属表面常常需要添加一些表面肌理效果来进行装饰美化处理。常用的肌理效果有錾花、雕金、拉丝、喷砂和车花等，如表1-16所示。

表1-16 各种肌理工艺解析

类别	肌理效果	解析
錾花－手工工艺 （素金/素银）	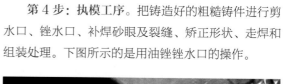	錾刻：在金属表面雕、刻 錾子：雕、刻用的工具 錾花工艺是用锤子击打形状各异的錾子，在金属表面形成凹凸不一、深浅有致或砂或光的线条和纹样的一种金属手工工艺

类别	肌理效果	解析
雕金－手工工艺 （所有材质）		雕金工艺也称批花工艺，是用不同形状的雕刻刀，通过手掌的推动在金属表面雕刻出各种线条和花纹，表面被铲掉的金属部分光芒闪烁。布契拉提的金属蕾丝镂空效果就是雕金工艺
拉丝－手工工艺 （所有材质）	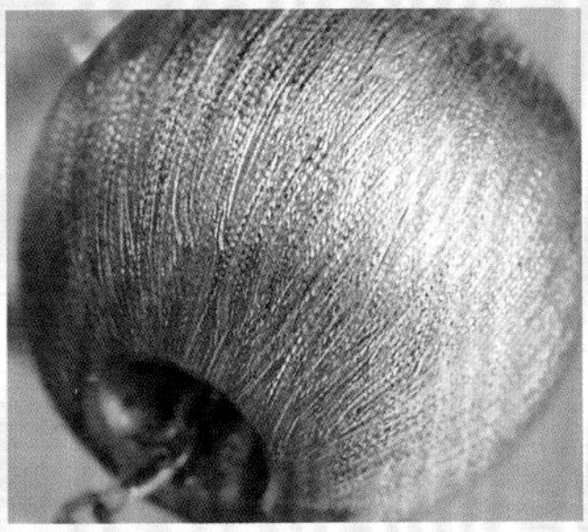	拉丝工艺是用金刚砂在金属表面做定向运动，从而在金属表面形成微细的金属条纹，使金属具有丝绢般的光晕
喷砂－机械加工 （所有材质）		喷砂工艺是用喷砂机将石英砂在高压气体的作用下高速喷打在金属表面，形成亚光效果，使金属表面具有细腻、朦胧、柔和的光感
车花－机械加工 （所有材质）		车花工艺是利用带有不同花纹刀口的金刚石铣刀，在金属表面高速旋转铣出闪亮花纹的一种机械加工工艺
花丝－手工工艺 （高纯度贵金属）		花丝工艺是利用高纯度金银（千足金、银及以上）抽拉成丝状，然后在金属表面做成盘旋丝状花纹

常见的喷砂效果如下图所示。

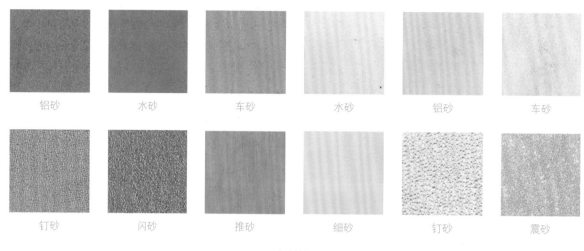

铝砂	水砂	车砂	水砂	铝砂	车砂
钉砂	闪砂	推砂	细砂	钉砂	震砂

喷砂效果

常见的车花效果如下图所示。

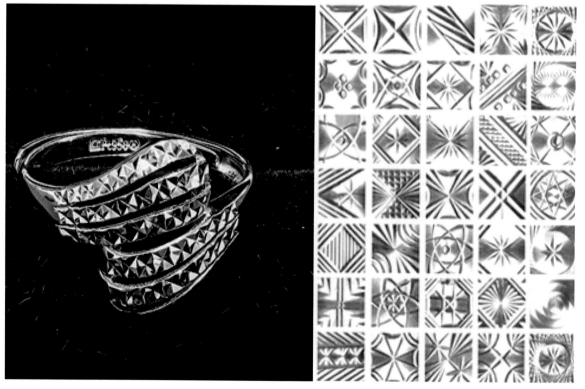

车花效果

第 7 步：**配石工序**。群镶前要对镶石原料进行分拣选色和大小匹配操作，如果是群镶彩色宝石的高级珠宝，配石操作就显得尤为重要。很多国际顶级珠宝品牌有时为了达到设计的预想效果，需要从几万粒乃至更多的宝石中挑选出最终需要的几十、几百、几千粒进行宝石配色，这步操作有可能要用半年乃至几年的时间，这也正是高级珠宝昂贵的原因之一。设计师在配石时常常喜欢将石头摆放在设计图上进行匹配，对比预想效果，如右图所示。

青金石裸石与耳饰手绘草图比对效果

第 8 步：**镶嵌工序**。常用的镶嵌方式有两种：一种是手工镶嵌，一种是蜡镶。K 金多镶有名贵宝石、钻石，一般都使用工费昂贵的手工镶嵌，而银饰品常用低端水晶或锆石作镶嵌物，多使用工费较低的蜡镶。

蜡镶是指镶嵌物在铸造前就已经镶嵌在蜡模上，然后进行铸造，这样铸造后的银件就已经被镶嵌好了。这样做能降低镶嵌的难度和工时，不需要工人一颗颗在金属上进行手工镶嵌，从而降低了工艺成本。但这种做法仅限于低廉的银饰，因为蜡镶工艺会导致石头周边执模、抛光不到位，降低光亮度。K 金镶嵌钻石产品必须先将金属托执模、抛光干净后才可以进行镶嵌，以确保成品的闪耀程度。值得注意的是，如果一件珠宝有主石和配石，要先镶嵌配石（直径小于 3mm 的宝石），最后镶嵌主石。主石一定是经得起电镀才可以提前镶嵌，如果是天然的蜜蜡、琥珀、欧泊和珍珠等，则必须在电镀后才可以进行镶嵌，否则会出现变色、变形等问题。

在显微镜下进行的手工微镶嵌时，珠宝上会残留火漆，这就需要进行煲酸处理。如果没有残留火漆，则不需要煲酸处理，在镶嵌完毕后就可以进行刻字印操作了。

火漆固定　　　　　　显微镜下镶石　　　　　　配石过程图　　　　　　镶石过程图

显微镜下的微镶操作

◇ 疑难解答

镶嵌中的半成品首饰托为什么要固定在火漆上？

这样做是为了镶嵌时金属托不易晃动，镶嵌完成后只要用火稍微加热即可将其取下，多用于群镶，单独镶嵌一颗主石不需要使用火漆固定。

珠宝的镶嵌方式多种多样，根据不同的珠宝造型和设计形式，列举了以下几种常见的镶嵌方式。

爪镶：常用于主石镶嵌，大克拉主石常用指甲爪镶口，能最大限度地突出宝石的光彩和价值。

爪镶

隐蔽镶：与地板拼接原理一样，宝石不靠爪去镶嵌，靠宝石本身侧面的凹槽来拼接，适用于大面积豪华群镶。

隐蔽镶

槽镶：又名轨道镶、夹镶或迫镶，在珠宝表面车出沟槽，让较小的宝石夹进沟槽的镶嵌方法。

槽镶

包镶：常用于较大的蛋面宝石镶嵌，是所有镶嵌中最为牢固的方式，也有部分常规形状的宝石选用包镶工艺。

包镶

钉镶：常用直径小于 3mm 以下的配石进行的镶嵌，依据钉的多少分为两钉、三钉、四钉和密钉镶，密钉镶分为钉版镶和起钉镶，常见排列方式有线排列、面排列等。

密钉镶（面排列）

闷镶：闷镶是直接在金属表面开孔，嵌入石头，与包镶不同，闷镶是石头"埋进"金属里，而包镶只是用镶口把石头包裹住。

闷镶

泡泡镶：泡泡镶是包镶的一种，相比传统包镶，金属部分显得更为轻薄，仅包住石头的腰部，这种镶嵌方式适合小颗粒钻石或大颗粒的平底宝石。

泡泡镶

珍珠镶：珍珠镶是将沾有胶水的金属螺旋珠针扎进珍珠孔洞使其固定。注意，在珍珠上打孔应尽量选择表面瑕疵处，从而可以隐藏珍珠本身的缺陷。

珍珠镶

镶嵌原理如下图所示。

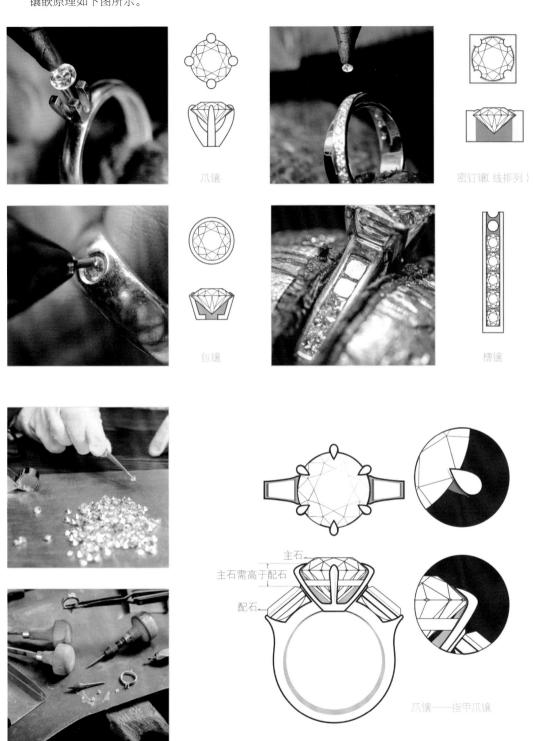

爪镶

密钉镶(线排列)

包镶

槽镶

主石

主石需高于配石

配石

爪镶——指甲爪镶

镶嵌原理示意图

爪镶方式解析，如表1-17所示。

表1-17 爪镶方式

爪镶形式	示意图	石头大小	镶口结构
圆形四六爪镶		0.99ct 及以下	四/六圆爪无底框
		1.00~2.99ct	四/六尖爪无底框
		3.00ct 及以上	四/六圆爪有底框
椭圆形爪镶		0.99ct 及以下	四圆爪无底框
		1.00~2.99ct	四尖爪无底框
		3.00ct 及以上	四尖爪有底框
梨形爪镶		0.99ct 及以下	包角+两圆爪无底框
		1.00~2.99ct	包角+四尖爪无底框
		3.00ct 及以上	包角+五尖爪有底框
马眼形爪镶		1.49ct 及以下	两包角无底框
		1.49ct 以上	两包角+两/四辅助爪有底框
心形爪镶		0.99ct 及以下	包角+两圆爪无底框
		1.00~2.99ct	包角+两尖爪无底框
		3.00~3.99ct	包角+两尖爪有底框
		4.00ct 及以上	包角+辅助爪+两尖爪有底框
祖母绿镶			爪镶/包角爪镶

爪镶无底框　　　　　　　爪镶有底框

第 9 步：抛光与砑光。为了增加产品的亮度，需要使用抛光机对镶嵌好的珠宝进行打磨抛光。抛光过程中，珠宝与高速运转的抛光蜡接触产生高温，导致抛光蜡融化成黑色黏状物。为了保证镀层和镀件之间有良好的结合力，需要进行除蜡工序，将抛光好的珠宝做超声波清洗，可以去除珠宝细微处残留的抛光蜡。砑光是对素金类产品进行抛光时采用的纯手工工序，用特制的玛瑙砑刀在金属表面来回用力推动，可以把珠宝经初步抛光后遗留的细微凹凸不平的痕迹进一步推平，从而达到镜面效果。

砂纸抛光

钢轮抛光

打蜡抛光

手工砑光

抛光与砑光

第 10 步：珐琅工序。珐琅工艺处理是在抛光与砑光工艺后电镀工艺前的工序，金属中的"珐琅"要先做出花纹色块区域，再在花纹中填入各种色彩的珐琅釉料，然后入窑烧制，直到器物或首饰表面釉层高于花纹边线的高度，接着进行打磨去除多余釉料，使釉料与花纹边线一齐。下图是运用掐丝珐琅工艺制作的景泰蓝香炉，需要注意的是，景泰蓝是以金、银和铜等金属为胎体的掐丝珐琅彩，所有的景泰蓝都可以称为珐琅彩，但是不能说珐琅彩都叫景泰蓝。金属胎体上的珐琅工艺主要分为烧蓝、内填珐琅和掐丝珐琅 3 种。

景泰蓝香炉

3 种珐琅工艺及其形式，如表 1-18 所示。

表 1-18 珐琅工艺及其形式

工艺	形式
烧蓝（画珐琅）	烧蓝是以银作胎体附着珐琅釉料烧制成颜色艳丽的透明银蓝色，因此又称之为烧银蓝或银珐琅，烧蓝比景泰蓝的色彩更加丰富
内填珐琅	比较厚实的银器可以采用剔底的办法，在凹陷处填珐琅釉料，增加珐琅彩在银表面的附着力；比较薄的银器表面可以采用压模（或錾胎）的办法，并在凹陷处填珐琅釉，增加珐琅彩在银表面的附着力
掐丝珐琅	在金属表面画上图案草图，再用金属丝线沿各种图案的边线掐成线框固定在金属表面，并往里填入珐琅釉料，这样固定在分割块里的珐琅就不会脱落了，最终形成美丽的珐琅图案

💙 小贴士

　　珐琅彩是指用矿物釉料烧成五彩花纹附着在饰物表面，瓷器与金属上的珐琅彩所用釉料几乎相同，但由于附着的胎体材质不同，叫法也就不同，人们习惯把附着在瓷器表面的珐琅彩叫"釉"，所以"瓷胎画珐琅"是一种白瓷胎体釉上彩装饰工艺，附着在金属表面的叫"珐琅"。

　　第 11 步：电镀工序。用电解的方式将金子附着到金属表面，形成一层镀金层。特别要注意的是，常规情况下宝石、钻石需要在镀金前镶嵌好，而珍珠等有机类镶嵌物必须在金属镀金后才能镶嵌上去，先后顺序根据具体镶嵌物而定。电镀厚度单位是微米（μm），通常情况下珠宝都是电镀一个单位厚度，即 1μm。

💙 小贴士

　　在珠宝工艺中，如果金属部分选用两种颜色金属焊接在一起的做法叫作"真分色"工艺，而表面局部电镀其他金属颜色进行分色的做法叫作"假分色"工艺。

金属分色工艺

　　镀金、包金、贴金及鎏金对比，如表 1-19 所示。

表 1-19 镀金、包金、贴金及鎏金对比

方式	特点
镀金	将镀件和黄金放在玻璃缸里，通过电解方式将黄金离子电镀到镀件表面，这种方式产生的镀层会随着佩戴的磨损和汗液、护肤品的侵蚀而很快褪去
包金	把黄金锻打成金叶，将其压平、压实，用金叶层层包裹非黄金的胚体，不留接缝，这种工艺称为包金工艺，包金层厚而不易褪去
贴金	把黄金打制成极薄的金箔，粘贴于金属表面，这种工艺称为贴金工艺
鎏金	黄金遇到水银（汞）就会溶解成"金汞齐"，加热后水银立刻挥发，金就会留存下来，鎏金工艺就是利用这种原理将黄金涂在金属上。由于水银挥发会产生毒害，一般情况下不宜采用

第 12 步：产品质检。质检是指将制作好的珠宝逐个进行精细检验，以确保成品没有砂眼和浮金，镶嵌的石头没有松动和碎裂（镶嵌时会由于用力问题导致石头碎掉或者电镀环节有可能将石头电爆）等质量问题。到此，一件完整的成品珠宝就制作完成了。

1.3.3 珠宝日常保养

❶ 质地较软珠宝的日常注意事宜

金、银、铂、珍珠、琥珀、珊瑚、欧泊等质地较软，需轻拿轻放，日常要养成佩戴完后及时放回首饰盒中或绒布袋里单件保管的习惯。桌子上有我们肉眼很难见到的细小沙砾，沙砾含有金刚石成分，也就是钻石，它的硬度高于我们大多数珠宝的材质，总在桌面上摩擦，久而久之会将首饰表面磨出划痕。钻石硬度虽然高，却容易碎裂，日常应避免撞击。

用软毛牙刷蘸牙膏刷珠宝，可使珠宝看起来光亮如新，但这种操作是不安全的，因为牙膏内含有细小的纳米研磨颗粒，这些颗粒物质很细小但是硬度几乎与水晶相同，因此用牙膏清洁珠宝会损伤比水晶硬度低的金属或宝石表面。在宝石中，水晶的硬度几乎仅次于钻石的硬度。

❷ 镶嵌类珠宝的日常注意事宜

佩戴爪镶珠宝时，应避免钩到纱质、雪纺类和针织类等衣物。包镶类首饰虽不会钩到衣物，但由于包镶是将整个宝石腰部包住，从而阻隔光线进入，同时金属部分又用得多，所以视觉效果并不如爪镶显得通透、光亮和漂亮，因此目前市场最受喜爱的仍是爪镶工艺的产品。

超声波清洗机对镶嵌类首饰确实有很好的清洗效果，能将镶口缝隙中的污垢清除干净。但超声波清洗机并不适用于所有宝石，比如祖母绿、珍珠等特殊结构的宝石，用超声波清洗时会破坏它们的组织结构。值得注意的是，超声波清洗机虽然清洗效果好，但不能使用过于频繁，否则容易使小钻因震荡而松动、脱落。使用超声波清洗机清洗高档珠宝时有一个技巧，将珠宝用一根柔软的棉线拴在一根筷子上，悬挂于超声波水中，避免珠宝与超声波清洗机底部接触，可以适当减少珠宝的受损程度。

❸ 珠宝的佩戴和存放注意事宜

日常应在着装、化妆、使用香水之后再佩戴珠宝，避免化妆品、香水等接触到珠宝，腐蚀珠宝表面而影响其光泽。洗手洗澡时最好将它们取下，因为沐浴液、洗手液、香皂中含有碱性物质，长期会对较脆弱的宝石表面造成损伤。

人体皮肤会分泌油脂，如果用手触摸宝石，手上的油脂很容易停留在宝石表面，从而影响宝石的光泽与亮度。尤其是钻石，它属于亲油性宝石，表面容易吸附油脂，会影响其光泽与亮度。但翡翠、白玉属于集合体结构，经常触摸可使玉质更加温润。

自来水中含氯离子，平时清洗对珠宝影响不大，但若用来浸泡珍珠，则必须选用矿泉水。紫水晶、黄水晶和钻石等怕阳光中的紫外线照射，不宜将其放置在阳光直射的地方，因为紫外线照射容易使它们褪色。此外，珍珠、欧泊、琥珀和珊瑚等怕热的宝石，应避免长时间置于阳光下或暖气等高温附近。

最后适时取下，就是保养。

佩戴首饰时的常见问题

关于爪镶掉钻。爪镶是用金属爪牢牢抓住镶嵌物，从而使其固定，非外力作用下镶嵌物不会"逃脱"金属爪。佩戴爪镶产品时应避免受到外力，如磕碰、撞击、摔落、钩挂衣物等，否则很容易导致其松动从而使钻石脱落。上述所有造成钻石脱落的现象均属于人为原因。相反如果是镶嵌过程中由于用力问题致使钻石爆破而导致掉钻就是产品本身的质量问题。通常这种爆破概率为 5%，爆破后钻石呈浑浊体且没有耀眼的火彩，后续稍微磕碰一下就会变成碎渣掉出来，因此在挑选群镶钻石产品时应逐颗查看每一粒配钻是否具有火彩，是否牢固。下图所示为爪镶戒指修复前后对比效果。

钻石爆破 ——   补焊金属爪后

爪断丢钻 —— 再镶嵌钻石

修复前 修复后

爪镶戒指修复前后对比效果

关于链子断裂。以制作服装时面料与缝衣线的搭配问题为例，线与面料都有不同的强度，二者在搭配时一定要选择线比布料容易断的搭配方式，这样线断了衣服还能缝补，但如果是面料破了而线还没断，那么衣服就毁掉了。珠宝同理，不管是 K 金链子还是纯银链子，稍微受外力拉扯就会断，否则佩戴者的脖子很可能会受伤。

关于褪色氧化。不管多大品牌的银饰都会氧化变黑，变黑并非产品是假的，不变黑的银饰才值得怀疑成色。变绿的是白铜，不变色的是白钢。纯银变黑属于物理现象无法避免，镀金也只能延缓其氧化的时间。珠宝属于消耗品，新旧取决于个人的日常维护。除了银饰镀金以外，18K 金产品也需要镀金，白色 18K 金本身并不是白色，而是发乌的灰白色，18K 玫瑰金也不是亮丽的玫瑰红色而是紫铜色，所有的 18K 金产品在打磨抛光后都要重新镀一遍金才能确保其光亮美观，这就是 18K 金首饰佩戴一段时间后就会变得暗淡无光的原因。

第 2 章

珠宝设计概述

本章以案例形式呈现出珠宝设计的效果图、工艺三视图的专业画法与标注方式，并介绍了原创设计、改款设计和企业团体需求设计 3 种常见珠宝定制形式。本章核心内容为珠宝研发设计与流程，详尽地讲述了如何进行珠宝创作与前期准备工作。

2.1 何谓珠宝设计 | 2.2 珠宝定制设计 | 2.3 珠宝研发设计

2.1 何谓珠宝设计

2.1.1 珠宝设计的概念

珠宝设计是利用艺术化的造型、形式美法则、装饰原理等理论，对原始造型元素进行变形和创造，再以立体效果图和工艺三视图作为产品的方案展现形式，同时还要考虑材料、工艺、成本、佩戴的舒适度和安全性等多方面因素，最终创作出一件带有思想、内涵、个性和情绪的珠宝作品。

初学珠宝设计时，应先通晓规则，掌握方法。设计是长期深化的过程，需先有量的积累，在量中求质变。对于初学者来说，前期可以选择一些造型、结构和工艺相对简单的款式进行设计和绘制。

生产工艺三视图对于初学者来说是一个难点，因为三视图考察的是设计者对款式从二维平面到三维立体效果转换的能力和对工艺的了解、熟悉程度。如果没有空间概念，不懂透视关系，不清楚工艺结构就会很难根据效果图画出其他几个面的准确结构。下图所示为南洋金珠耳饰效果图、工艺三视图的画法及标注方式。

三爪镶，直径 2.8mm~3.0mm 圆钻（约 0.08ct）

包镶，2.5mm×5.0mm 马眼形红宝石

正面参考

字印处

侧面参考

约 42.4mm

约 13.8mm

背面参考

材质：黄色 18K 金

工艺：全光金表面，镶嵌

南洋金珠耳饰效果图

南洋金珠耳饰工艺三视图

2.1.2 设计考虑的因素

　　大多数物体都可以直接用来作为首饰设计的造型，但这样的设计并不都具有思想、内涵和深刻寓意，没有深刻寓意的作品很难起名字，很难制造营销卖点。右图所示的这款首饰设计作品只是好看而已，没有实质性的内涵、寓意，这样的设计没有一个可以打动人心的故事与卖点作为支撑，不是设计的最佳体现方式。

小鸭子项链

　　好的产品设计至少应具备以下两点。

❶ 美观

　　美观是珠宝设计的基本要求。所谓的"美观"指的不仅是产品的外观，还指产品的设计具有深刻的思想、内涵和寓意等，如下图所示。

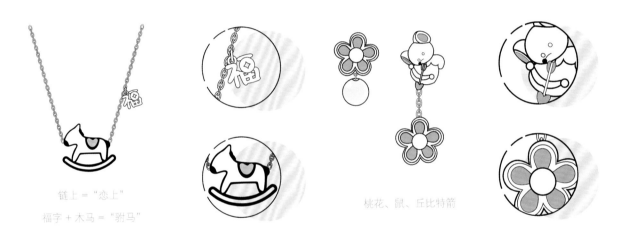

链上 = "恋上"

福字 + 木马 = "驸马"

"恋上驸马"一体链

桃花、鼠、丘比特箭

"非你莫属"耳饰

天使、"良"字、鸡

"天赐良机"吊坠

夜光猪鼻子 = "夜明珠"

"你是我的夜明珠"吊坠

❷ 落地性

这是珠宝设计的核心要求，产品设计时要清楚产品的定位和客户群，然后根据定位和客户群来进行定价，进而选择适合的材料、工艺进行设计和制作。在选择材料和工艺的时候还要考虑出货量，因为有些特殊材料需要定做，工期较长。此外，要考虑成本和利润，即便可以生产但没有合理的利润率也不算是成功的产品设计，毕竟商业设计是以市场为导向。客户体验也很重要，如果客户佩戴不舒适（如耳饰过重、产品容易钩刮衣物和皮肤、容易出现变形等问题），或者产品过于累赘、不方便，会给日常生活增加困扰与负担，这些都不算优秀的产品设计。

2.2 珠宝定制设计

在现实工作中珠宝定制设计有3种情况：第一种是珠宝店柜台里的现货产品不能满足消费者的需求时，消费者会选择个性化定制服务来满足自己的专属需求；第二种是消费者本身就有珠宝，但由于佩戴时间久了不喜欢这个款式了，想要变换款式时会选择个性化定制服务来改变原有的珠宝款式；第三种情况是企业或团体需要定做一些带有企业或团体 VI 体系元素的纪念品时会选择定制化服务来实现。VI（Visual Identity）体系即企业视觉识别体系，包含企业 Logo、专属色、标语等。

2.2.1 个人珠宝定制原创设计

因为很多客户都是非设计专业毕业的，所以在选择原创定制设计时经常会说"我也不知道要什么样子的，我就是想要一个戒指，漂亮的就行"。其实没有要求就是最高的要求，每个人的喜好不同，对于美的认知和理解也不同。如果设计师遇到这样的客户，就要尝试性地利用专业知识与经验引导客户，最有效的方法就是先和客户聊天，了解客户的喜好，包括客户喜欢的事物、服装品牌、穿搭风格、喜欢的颜色等，同时也要间接地了解客户的性格，最后基于这些初步信息，快速整合出大致的设计方向，询问客户是否喜欢，得到初步认可后进行创作。

下面以具体的客定案例来进一步理解定制原创设计。客户带来一块颜色纯正的椭圆形坦桑石，如下图所示。

坦桑石裸石

通过和客户交谈获得的信息是客户喜欢海洋题材，尤其喜爱海豚的形象，这就有了灵感素材，如右图所示。客户的珠宝数量不多，希望这次定制的坦桑石珠宝可以具有一款多戴的功能，既可以当作吊坠，又可以当作胸针来使用。设计时以客户带来的坦桑石为主石，以小颗粒钻石、蓝宝石和冰种翡翠作为配石，设计了一款名为 Dark Blue（深蓝）的胸针，如下图所示。在配色上巧妙地增加了水滴形玫红色碧玺作为主色的补色，调和视觉平衡，让色彩不再单一、沉闷。胸针专用的拉筒针结构藏于蓝宝石海浪后方，上方加一根链子即可成为长款毛衣链。

灵感素材

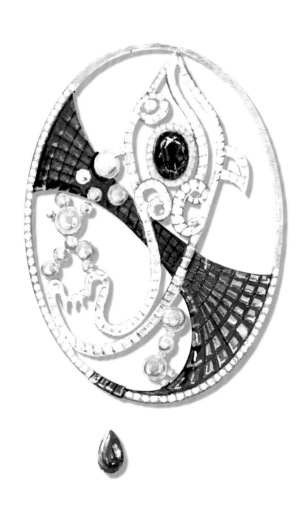

Dark Blue 胸针

2.2.2 个人珠宝定制改款设计

珠宝定制改款设计是客户本来就有珠宝，保留原有珠宝材料，重新进行款式设计和加工制作。一般情况下，珠宝公司的定制业务 95% 以上都是改款设计。

常规情况下，客户定制前心中已经有了想要的款式和想法，只是需要一个专业的设计人员帮助，将其心中的想法表达出来，进而加工与制作。改款设计其实就是复刻客户的思想，并非真正意义上的珠宝设计，设计师只是充当"画图工"的角色。

接下来以具体案例来进一步讲解个人珠宝定制改款设计。下面左图为客户原有的钻戒，因佩戴时间久了，并且戒指头部造型过高，佩戴时总会钩刮衣物，因此想要改变款式。现需将原钻石取下重新设计制作成一枚全新的钻石戒指，要求新设计的戒指看起来头部不要太高，方便日常佩戴，改款后效果如下面右图所示。

原款钻戒　　　　　　　　　　　　　　　　改款钻戒

2.2.3 企业团体珠宝定制设计

接下来以珠宝公司实际的产品定制设计需求单为例来解读企业团体珠宝定制设计。

大多数珠宝公司都会有专属的企业珠宝产品定制设计需求单，用来记录客户的情况和需求，珠宝定制设计师根据表中信息来进行设计绘图。因此，珠宝定制设计师就需要读懂需求单里的各项信息，并将其转换成设计图稿。下面来解读常规的产品定制设计需求单。

从表 2-1 中可以看出面对企业团体定制需求时，首先要了解定制的品类、形式、材质、预算和具体想法与要求，同时还要了解产品的用途。常见的企业团体定制用途有：纪念表彰、商务政务、广告促销、活动随手礼、员工福利、毕业纪念、旅游周边、影视周边和游戏周边等。珠宝设计所使用的元素需要体现出企业团体文化，常用的有 Logo、吉祥物、缩微样品（如某香水公司定制的香水瓶吊坠）、活动主题、色彩和名称等。

表 2-1 产品定制设计需求单

客户信息	客户名称： 联系方式： 收货地址：		
□礼品类	□章类 □条类 □勋章 □胸针 □摆件 □奖杯 其他：___		
□首饰类	□戒指 □耳饰 □吊坠 □项链 □手镯 □手链 □胸针 □套系 其他：___		
□形式类	□非镶嵌类 □镶嵌类 其他：___		
□材质类	□千足金 □足金 □千足银 □925 纯银 □白色 18K 金 □黄金 18K 金 □玫瑰色 18K 金 □足铂 □Pt950 □钻石 □彩宝 □翡翠 □珍珠 其他：___		
□镶嵌类	主石	石头类别：___ 形状：___ 石重：___ 颜色：___ 尺寸：___ 数量：___ 镶嵌方法：□爪镶 □包镶 其他：___	
	配石	石头类别：___ 形状：___ 石重：___ 颜色：___ 尺寸：___ 数量：___ 镶嵌方法：□槽镶 □隐蔽镶 □钉镶 其他：___	
□男女款	□男款 □女款 □中性款 □情侣款		
定制要求	预算：_____（元） 数量：_____（件） 尺寸：_____（mm） 链长：___（□寸 / □mm） 戒圈：___ 码（国内圈口号） 出货日期：_____		
设计要求 （理念、形式等）			
产品用途	□对外礼品 □内部福利 □个人定制 其他：___		
图稿要求	□手绘 □平面 □3D 其他：___		
包装辅料	□固定包装 / 辅料 □定制包装 / 辅料 要求：_____		
备 注	□定金已付 □定金未付 其他：___		
接单人： 接单日期： 设计师： 跟进日期：			

接下来以宜家家居企业定制一批回馈会员的首饰礼品为模拟案例，定制要求如下。

（1）产品带有企业文化特征标识。

（2）产品具有大众性（尽量避开尺寸问题或尽量选择可以调节尺寸的结构，风格样式适合男女老少）。

（3）产品成本符合预算要求。

宜家家居

设计方案如下图所示。

企业 Logo

企业颜色

企业 Logo 图案、字形、颜色不能进行一点变动

团体戒指尽量使用活口结构，方便所有人佩戴

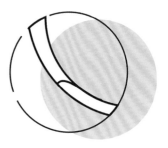

6.0mm

22.7mm

顶视图

正视图

侧视图

材质：合金镀金

工艺：活口戒指，Logo 滴胶工艺

企业定制设计方案

2.3 珠宝研发设计

2.3.1 产品研发与流程

珠宝公司（设计研发部）设计一款珠宝产品需要经过以下几个流程才能投产上市。

（1）设计构思。策划人员和设计师进行构思，策划一个新的主题卖点。

（2）市场调研。需要通过市场调研来论证方案的可实施性和必要性。

（3）提案立项。提案是指进行方案提报；立项即项目方案通过，正式确立可以进行后续样品试制流程。

（4）试制打样。进行产品样品的制作，这是将设计图纸和理念变成实物产品的过程。

（5）样品封样。如果最终样品实物符合最初预想，就可以进入产品封样环节，即以本次样品为准不再做任何变化与调整，作为后续大货投产的生产标准。

下面通过解析珠宝公司实际的产品开发流程单来进一步了解公司产品开发的系列流程，如表 2-2~ 表 2-4 所示。

表 2-2　第一阶段流程

第一阶段　立项审批					
产品策划		产品设计		项目负责人	
项目名称		产品材质		产品克重	
产品名称		产品规格		产品售价	
设计图纸 产品尺寸 产品工艺					
生产部意见	□同意 □否定	意见：			
	负责人签字：			签字时间：	
财务部意见	□同意 □否定	意见：			
	负责人签字：			签字时间：	
董事长确认	□同意 □否定	意见：			
	董事长签字：			签字时间：	

表 2-3　第二阶段流程

第二阶段　打样审批					
项目名称		产品名称		项目负责人	
打样工厂		工厂联系人		联系方式	
产品图片 产品尺寸 产品工艺					
BOM 单	材质	重量 / 参数	数量	工费	报价
产品					
包装					
证书					
画册					
第＿＿＿次打样 □通过 □修改	供应链签字：	问题：			日期：

表 2-4 第三阶段流程

第三阶段 封样审批						
项目名称		产品名称			产品报价	
产品样品照片						
产品样品工艺						
产品样品尺寸	材质：			重量：		
设计师确认	□无误	备注：				
	□否定					
	设计师签字：			签字时间：		
生产部确认	□无误	备注：				
	□否定					
	负责人签字：			签字时间：		
财务部确认	□无误	备注：				
	□否定					
	负责人签字：			签字时间：		
董事长确认	□同意	备注：				
	□否定					
	董事长签字：			签字时间：		

2.3.2 产品策划与调研

❶ 策划的灵感

艺术的本质是大胆、敢于创造，对于市场而言，一切都是未知数，所以一件产品在设计前需要进行合理的策划，好的艺术作品是经过天马行空的头脑风暴后不经意间得到灵感而激发的，因此具有一定的偶然性、短暂性，它是艺术创作最佳时期的产物。右图所示为 4R 策划思路。

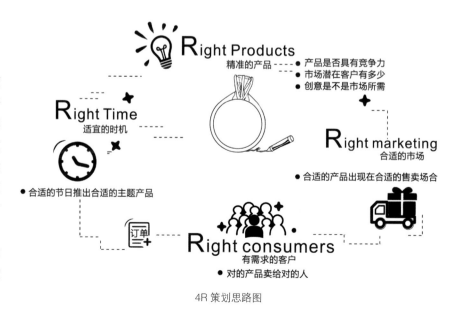

4R 策划思路图

❷ 策划的思维

策划需要具有创新思维，它不同于传统的惯性思维，甚至可以超越现实。具体方法是变换思考角度，重新审视内容，并进行头脑风暴。右图所示为创新思维下的超现实与逆向思维案例。

创新思维下的超现实与逆向思维案例

不同的策划思维方法及特点如表 2-5 所示。

表 2-5 不同的策划思维方法及特点

思维方法	特点
发散思维法	多方位地寻找最佳方案的思维方式
集中思维法	集中于一点，思路向这一点聚焦并深挖，深层次思考
横向思维法	同一层面不同角度展开联想与想象的思维方法
纵向思维法	由浅入深，由表及里，深入挖掘的思维方法
整合思维法	结合多种思考方案，从中找到最有价值的创意点
逆向思维法	改变对事物的常规看法，反其道而行，从不同事物或从事物不同角度通过对照差异化来另寻创意的主题点
联想思维法	通过比较相似的事物，找出联系性，引发创意

接下来，以"女生"为关键词进行即兴头脑风暴，如右图所示。头脑风暴就是漫无目的地进行想象与联想，由一个事物联想到另一个事物，直到想到一个可以作为灵感素材为止，建议设计者养成一个随时随手做头脑风暴图的好习惯。

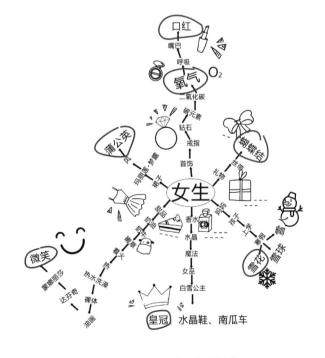

由"女生"引发的各种发散联想

在头脑风暴后应该养成一个及时做创意手记的习惯。英文有一个单词"Portfolio"，表面意思是"文件夹、公事包、容器"等，引申为设计师的"作品集"。现在越来越重视设计师作品的创作过程，即你的灵感从何而来，如何一步步地演变出来。对于一个设计师来说，平日的积累显得非常的重要。接下来以"声音"这样一个抽象概念为主题，通过发散思维可以联想到小时候在海边捡海螺聆听"大海的声音"，这是一种对儿时的回忆——"记忆中的美好"；还可以联想到聋哑人无声的世界，通过肢体表达内心情感。在创作表达时，作者选用珠宝与礼服结合的形式来演绎一场"梦幻帷帐"，选用独特视角对声音这一主题进行诠释，在获得这些发散思维联想后第一时间做出手绘草图，以备后续进一步创作完善作品使用，如下图所示。

"声音"联想

♡ 小贴士

　　该案例很好地将珠宝与服装进行结合，演绎着"可穿在身上的奢华"。珠宝不是孤立存在的，它应该依托服装的陪衬并与之呼应，体现出一种综合设计思维和跨界设计思想。

　　市场策划思维是站在市场需求角度实现创新，需要发现市场问题并解决市场问题。"变换角度"尤其重要，比如顾客觉得产品价格贵，常规思路是商家为了促成交易会选择降价，但可以通过增加礼赠的方式让顾客觉得同样价格能拿到更多附属品，从而觉得很划算，进而选择购买。这便是贯穿珠宝从设计到营销整个环节的逆向思维。

♡ 小贴士

　　逆向思维的运用，比如传统工艺喜欢用纯银镀金来增加银饰的抗氧化性，但是首饰会越戴越旧，最后氧化发黑。我们可以转换一下思维，在黄金首饰表面镀银，这样表面看似朴素无华的素银，在经过一段时间的佩戴后，纯银表面褪去，逐渐露出真金。利用这种逆向思维，将靠镀金层来进行简单保护功能的初级思维转化为带有"小心思、小情趣、仪式感"的情感化创作思维，搭配上主题名字"日久见真金"，可以流露出一种日久见真心的情感。

❸ 策划的方法

策划的方法是先确定设计的主题方向，再寻找设计的主题线索，寻找独特的思考角度，以全新的视角和理念来诠释设计的想法。一个好的策划，不但要具备独特创新的思维，还要具备考虑全局的能力，考虑清楚一件产品从无到有整个环节上的所有细节，包括包装、推广卖点、营销方式和营销术语等。

❹ 调研的方法

在设计前应该先调研，通过调研得到的数据可为产品的研发设计方向提供有力依据。

调研的方法是"调查＋研究"，构思方案、研究和分析数据信息。得到调研结果后，不要第一时间为了满足消费者的"需求"而轻易得出结论，应该更深层次地分析消费者的真实需求，在此基础上，选择具有落地性和商业延续性的方案，确定产品研发的方向并同步制定新的运营计划。

珠宝研发调研报告是在珠宝产品研发设计前进行调研工作的带有结果分析的数据报告，即对珠宝市场进行数据采集、分析和总结的一种书面结果材料，以寻找最终解决方案为目的。一般珠宝研发调研报告包括以下几个组成部分。

（1）标题，如《××年珠宝产品研发调研报告》。

（2）摘要和关键词，对调研使用的方法、想要达成的目标、核心内容、对问题的解决方案等进行高度概括，提炼核心词。

（3）前言，简洁明了地介绍调研的情况，为正文写作做好铺垫。

（4）调研背景，说明为什么要做这次调研。

（5）调研目的，通过这次调研可以达到什么样的目的。

（6）调研范围，说明本次调研的区域范围，包括针对的区域、城市和问卷投放数量，目标人群（如女性还是男性或者特定职业、年龄段的特定群体），以及产品间的对比分析（如我们的产品和市场同类产品的多维度对比是否占有优势等）。

市场同类产品调研：

①同类项目定价体系。

②同类项目销售情况。

③同类项目售后情况。

市场创新类产品调研：

①产品新技术（同行已有或跨界引入）。

②产品新形式（分为产品设计新形式和销售新方式）。

③产品新理念（打破常规的全新概念）。

客户需求调研：

①客户购买的集中时间段和购买力。

②客户购买的目的和用途。

③客户喜欢的主题、形式、规格和工艺。

竞争对手调研：

①调研竞争对手产品定价体系，明确其产品及市场定位情况。

②调查竞争对手的广告宣传情况，分析其推广策略。

③调查竞争对手的售后服务情况，分析其产品质量和服务的优缺点。

（7）调研方法，包括调研问卷设计和调研数据来源。调研问卷设计是对你设计的问卷进行剖析解释，让读者知道你的问卷是从哪些方面进行数据采集与分析的；数据来源主要由3部分组成，分别是业内相关数据、市场竞品数据及消费需求数据。

（8）结果分析，将收回的有效问卷进行信息汇总，对得出的结论进行逐条分析，得出的结果可以在后续产品研发过程中作为方向指引。

（9）调研总结，对整份问卷分析总结出的问题的思考和建议提出相应解决办法。

珠宝产品调研问卷模板如表2-6所示。

表2-6 珠宝产品调研问卷

珠宝产品调研问卷				
尊敬的女士/先生，您好！为了给您提供更好的产品和服务，希望您能从百忙之中抽出一些时间回答以下问题，非常感谢您的配合。（请在最佳选项□内打"√"）				
1.您的性别？（单选）				
□男		□女		
2.您的年龄？（单选）				
□ 28岁以下	□ 29~38岁	□ 39~47岁		□ 48岁以上
3.您购买珠宝首饰的主要目的？（单选）				
□传世收藏	□投资理财	□礼品馈赠	□消费自戴	□从不购买
4.您每年用于购买珠宝首饰的金额是多少？（单选）				
□ 1000元以下	□ 1001~3000元	□ 3001~10000元	□ 10001~50000元	□ 50000元以上
5.您/Ta平时喜欢佩戴哪些珠宝品类的产品？（可多选）				
□颈链（仅链子）	□套链（链子+吊坠）	□毛衣链（长款）	□多层项链	□手环（死圈）
□贵妃镯（开口）	□脚链	□耳钉	□耳扣	□耳骨钉
□耳圈	□耳线	□耳环（长款带坠）	□对称耳饰	□不对称耳饰
□日常戒指（无名指）	□夸张款戒指	□尾戒	□开口戒指	□死圈戒指
6.您/Ta喜欢哪些形式/材质的产品？（可多选）				
□素黄金类	□素铂金类	□素K金类	□素银类	□镶嵌钻石类
□镶嵌彩宝类	□镶嵌玉石类	□镶嵌合成宝石	□豪华款	□简约款
□镶嵌南洋金珠	□镶嵌南洋白珠	□镶嵌黑珍珠	□镶嵌Akoya珍珠	□镶嵌淡水珍珠
其他：				
7.您会买哪种工艺的产品？（可多选）				
□铸造（厚实较沉）	□硬金（轻薄小克重）	□錾刻	□锻造	□车花
□花丝	□拉丝	□喷砂	□全光金表面	□亚光
□珐琅	□滴胶	□镶嵌	□真分色	□假分色
8.您倾向于什么样的产品包装？（可多选）				
□奢侈品级质感	□创意型	□时尚简约型	□小巧不占空间的	□豪华仪式感礼盒
□具有多功能性	□可循环使用	□环保一次性	□纸质的	□木质的
□皮质的	□金属的	□亚克力的	其他：	

9. 您在购买珠宝首饰时会考虑的因素有哪些？（可多选）				
□限量款	□产品设计	□包装设计	□产品工艺	□材质成色
□设计理念	□产品价格	□品牌口碑	□礼赠优惠	□售后服务
10. 您会在什么时候购买珠宝首饰？（可多选）				
□春节	□元旦	□情人节	□妇女节	□母亲节
□儿童节	□七夕	□圣诞节	□纪念日	□随时（看心情）
11. 市场现有珠宝首饰产品中，让您印象最深刻、最满意的品牌和产品是什么？（简述）				
本次问卷到此结束，感谢您的支持！				

2.3.3 产品构思与设计

在进行产品设计时，需要"意在笔先"。先构思再寻找适合的素材，对素材提炼创造，探索设计的各种可能性，选择最佳的创作方案。设计的核心方法是变其形、延其意和传其神。

艺术创作是一个极为复杂的过程，它包括前期的生活经验积累，情感主题的思考，灵感乍现的创作过程和最后对艺术的综合处理表现。其中最重要的是对艺术灵感的及时捕捉和记录，手稿是设计师构建和展示个人思维想法的方式，可以将自己的想法用最直接的方式快速记录下来，它甚至可以是不完整的"作品"，只要画出大概思路、结构和造型即可。

❶ 设计的构思

以花朵为题材设计戒指，创作思路如下图所示。

 +  ▶

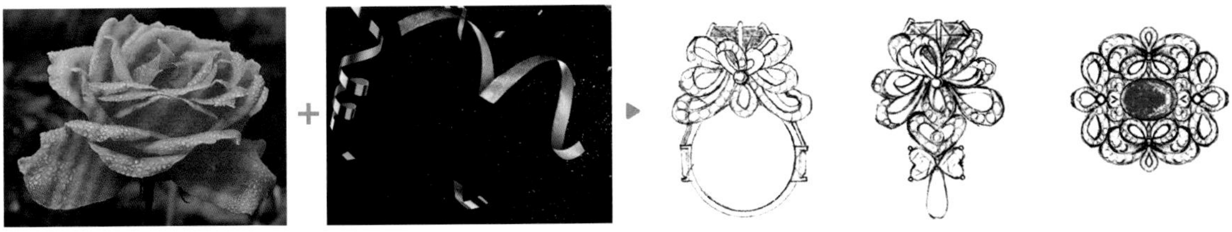

素材印象：绽放、优雅　　联想丝带：轻盈、飘舞　　绽放的花朵 + 轻盈飘舞的丝带 = "Blooming Love" 戒指

创作思路及草图

同样以花朵为题材进行设计，本次是先有宝石材料，根据现成的火欧泊进行艺术创作。创作素材和草图如下。

创作素材

手绘草图

以蝴蝶结为题材设计胸针和吊坠，创作素材和草图如下。

创作素材

手绘草图

♢ 小贴士

对于这种简单的小款珠宝首饰，设计者如果有时间和精力，可以利用水粉颜料、彩色铅笔和马克笔等绘图工具快速画出细节。这种结构更为严谨、视觉效果更为直观的草图可以理解为近似成稿的"高级草图"。

以花火为题材设计"Blooming"高级珠宝项链，创作素材和草图如下。

创作素材

◇ 小贴士

　　对于"草图"的界定并没有一个很精确的
标准，只要可以熟练、快速地将自己的设计想
法记录下来即可。可以是画得比较精细的画稿，
即"高级草图"；也可以是用寥寥几笔画出的
简单"感觉"，后续再将其完善。

手绘草图

以凤凰为题材设计"温度"高级珠宝项链，创作素材和草图如下。

创作素材

◇ 小贴士

设计草图作为设计者表达思想的路径图稿，需要不断试错和反复修改，一份正式的设计图在诞生前会经过大量的修改工作。在绘制草图阶段不要怕画面脏，可以在上面不断试错、推敲、修改、涂抹和拼贴，甚至可以在一堆乱线中勾勒出意象的灵感，最终让作品更丰富，让所表达的情感更深刻。如果作品是对称的，一般草图可以只画一半，另一半通过硫酸纸复制画出即可，也可以将其剪下佩戴在身上来看最终视觉效果和体量感。

手绘草图

以海马为题材设计"Elegant Blue"
高级珠宝项链，创作素材和草图如下。

创作素材

手绘草图

❷ 常用的绘图软件及手绘工具

珠宝首饰设计常用的绘图软件及手绘工具，如表 2-7 所示。

表 2-7 珠宝首饰设计常用的绘图软件及手绘工具

分类	工具
常用计算机绘图软件	CorelDRAW、Illustrator、Photoshop、JewelCAD、Rhinoceros、KeyShot 等
常用手绘工具	0.3mm 自动铅笔（HB）、直尺、三角板、蛇尺、云尺、宝石专业绘图模板、圆规（可夹笔）、黑色针管笔（0.05、0.1、0.2、0.3、0.4、0.5、0.8 号）、马克笔（浅灰、中灰、深灰、黑）、36 色水溶性彩色铅笔、设计专用脱胶颜料、勾线毛笔（000、00、0、1、3、5、7 号）、硫酸纸、颜料盒（36 色以上）、A4 灰卡、黑卡和牛皮纸等。 常规组合：白金钻石类珠宝适合画在灰卡纸上，黄金类首饰适合画在牛皮纸上。任何类珠宝首饰尤其钻石和彩色宝石类在黑卡纸上均会得到很好的展现

部分常用手绘工具

对于珠宝设计者来说，宝石专业绘图模板和云尺是非常重要的绘图工具，工具上面有各种大小规格的宝石外形和祥云纹样，在日常手绘时可以高效而精准地画出各类宝石和戒托等结构，如下图所示。

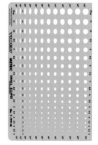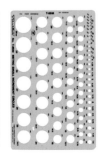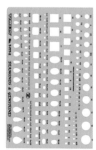

宝石专业绘图模板　　　　　　　　　　　　　　　　云尺

第 3 章

珠宝造型艺术

本章详细介绍了造型、形态、质感、肌理，以及点、线、面元素和构成艺术在珠宝设计中的应用，并让读者能够将形式美法则灵活运用到钻石排石设计中。本章重点为常见刻面宝石结构线描画法。

3.1 认识造型

3.1.1 造型与形态，质感与肌理

❶ 造型

任何事物都有其构成的元素，如文章是由不同意义的文字组成的，乐曲是由不同旋律的音符构成的。同样，造型是由不同形态、质感、肌理、空间和色彩等元素所构成的。例如，玻璃杯与咖啡杯都叫作"杯"，但由于构成它们的造型元素不同，因此所呈现出的造型也不同。

造型艺术大致可分为写实客观性的西方造型艺术和写意主观性的东方造型艺术。西方造型艺术始于文艺复兴时期，体现了严谨的写实风格；而东方造型艺术以中国"文人精神"为主导，强调心灵上的艺术，借客观的物象来抒发内心的情感，表现形式更注重意境，艺术效果倾向于写意，讲究似与不似之间的"神似意境"，给人以无限的想象空间。带有中国传统文化的"意境珠宝设计"就在很大程度上继承和发扬了这种东方造型艺术的特点。

西方绘画作品

东方绘画作品

❷ 形态

形态是物质内在本质的外在表现形式，形态不只是物体的外形，还包括物体的内在结构，形态可以呈现出物体内在的骨骼与力量。"形"是指客观事物的轮廓形状，即可识别的外表，而"态"是指人的主观心理感受。"形"与"态"二者相互依存并相互影响，缺一不可。形态包括几何形态和有机形态，如右图所示。几何形态由点、线、面组成，给人一种工业感；有机形态即生命生长发展的样子，比如动植物的外在形态，给人一种生命的存在感，有机形态的整体看起来非常有序和自然。

几何形态　　　　　　　有机形态

作品"Graceful Wrist"手镯的外观设计有别于市场上常规手镯的外观形态，其设计灵感来自自然界中花叶舒展的瞬间，将花叶蜷缩和花蕊绽放的瞬间定格，如右图所示。这种通过外表透露出的隐含内部构造和动态便是"形态"。

"Graceful Wrist"手镯

以上是基于现实中摸得到且看得着的现实形态进行的创造设计，除此以外在这些现实形态的基础上还可以引申出表现抽象概念的"概念形态"和人们幻想中的"意幻形态"两种非现实形态，它们是介于具象和抽象之间的艺术形态。对形态的探索是后续设计学习的核心，设计者应该从形态本身去寻找美。

💎 疑难解答

除了形态以外还有形状和形象，那么"形状"与"形象"的区别是什么？

形状是由点、线、面呈现出的廓形，形象是事物的外在神情面貌和内在性格特征呈现出的视觉感受，它们都属于"形态"，如右图所示。

形状　　　　　　　形象

❸ 质感

形态并不是造型的全貌，完整的造型除了形态还有其他的组成元素。就好像"球体"一样，它只是一个概念，形态是球体的物体有很多，比如粉末感的几何石膏球体、温润的珍珠、晶莹剔透的水晶球和光亮沉重的铁球等，因为它们的色彩和材质等要素不同，给人的视觉、触觉和心理感受也不同，如右图所示。

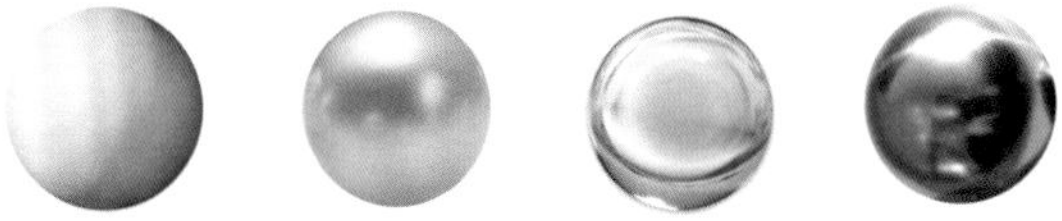

不同质感的球体

这种"材质感觉"就是质感，不同质感给人带来的视觉和心理感受是不同的，如下图所示。

玻璃质感

粉末质感

陶瓷质感

蚕丝质感

金属质感

棉毛质感

不同质感的对比

❹ 肌理

肌理是指依附在形态表面的材质形式与纹理，不同的肌理会给人不同的视觉和心理感受。肌理分为只能看到的视觉肌理和可以触摸到的立体肌理，运用肌理能增强造型艺术的感染力。生活中常见的肌理如右图所示。

自然生长形成的点状肌理

自然生长形成的丝状肌理

人工排列组合形成的点状肌理

肌理

首饰设计中也常用肌理来装饰，如下图所示。

首饰设计中肌理效果的应用

3.1.2 造型艺术中的点、线、面

1 点

在造型设计中，点是构成形态的基本要素之一。单个的点会显得空洞单调，而聚集的点会更具有生命力，点给人的主观感受与其大小、位置、排列和色彩有密切的关系。点可以是方形、三角形、标点符号、一滴墨水、墙上的钟或空中的飞机等。点的概念是相对的，"点"是在比较中"存在"的，将同一物体放在远近不同场景中，该物体给人的感觉是不相同的，比如一架飞机在地面上是庞然大物，而在天空中相对于天空而言便有了点的特征，如下图所示。

点的特征示意

点的分类及不同的点给人的感受如表3-1所示。

表 3-1 点的分类及不同的点给人的感受

点的分类		示意图	感受
按大小分	大点	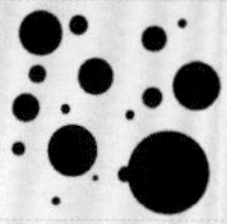	热情、奔放
	小点	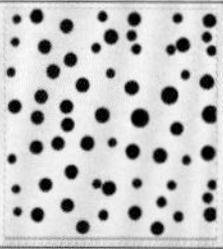	紧张、恐惧
按形状分	规则圆点		饱满、丰富、柔美
	不规则圆点	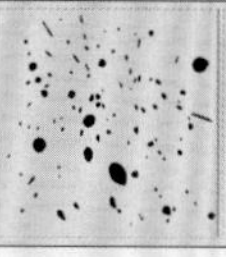	跳动、杂乱
按明度分	明亮的点		鲜明、前凸
	灰暗的点		内向、后退
按背景分	黑底白点	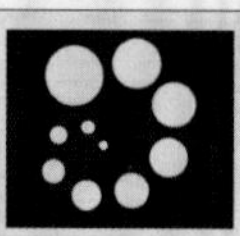	扩张、前凸
	黑点白底	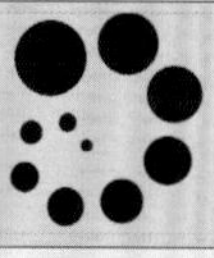	收缩、后退
按空间分	点在中心		集中、紧张
	点在一侧		浮动、不安
	上下左右等距排列		均衡、平静
	向某一方向倾斜排列	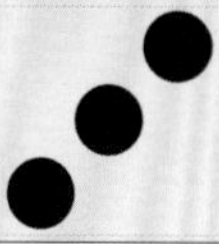	方向、运动
	大小不同的点渐变排列	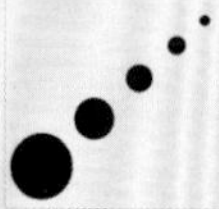	纵深、空间

点在首饰设计中的应用如下图所示。

发散的点   不同明暗的点   聚焦的点

❷ 线

在造型设计中，线是主要的元素，是点移动的轨迹，不仅有长度、方向，还有宽窄、粗细、形状。线有明确的边缘，起到分割画面和引导视线的作用，如下图所示。

线的特征示意

线有直线和曲线两种，直线具有单纯和理性的特征，曲线具有优美、韵律的视觉美感。线带给人的具体感受如表 3-2 所示。

表 3-2 不同的线

线的分类		示意图	感受
直线类	垂直线			上升、严肃、高大、苗条、挺拔、崇高
	水平线		宽阔、宁静、平稳、舒展、安定、阳刚
	斜直线		运动、轻盈、兴奋、动感、速度、方向

线的分类		示意图	感受
曲线类	自由曲线		优雅、优美、轻巧、弹性
	几何曲线		柔软、柔和、规整、有序
	偶然曲线		韵律、流动
粗细线	粗线	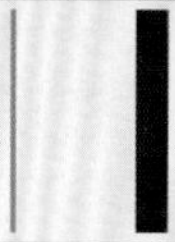	厚重、笨拙
	细线	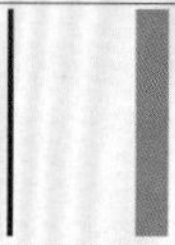	尖锐、轻薄

线在首饰设计中的应用如下图所示。

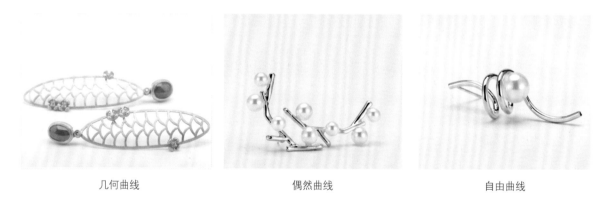

几何曲线　　　　　　　　　偶然曲线　　　　　　　　　自由曲线

❸ 面

在造型设计中，面是起主导作用的元素之一。面是线运动的轨迹，由线移动、围绕形成，面有形状、色彩和质感。点、线、面结合再配以表面质感、肌理和色彩，才是设计中最佳的造型效果。

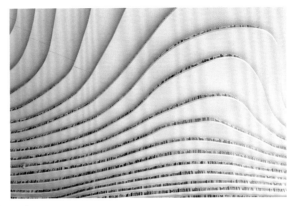

面的特征示意

面的分类及不同的面给人的感受如表 3-3 所示。

表 3-3 不同的面

面的分类		示意图	感受
直线平面	规则形	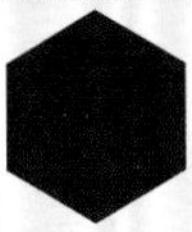 ⬡	有序、坚硬、安定
	不规则形	 ✶	动感、暴躁
曲面平面	偶然形		韵律、流动
	有机形		自然、生动

面在首饰设计中的应用如下图所示。

不规则面排列

规则面排列

3.1.3 设计用线

❶ 线的样子

设计中的线经过艺术化的处理后会有特定的样貌，给人一种特别的心理感受，细节上也会显得精致且具有设计感，它们分别是头圆线、方头方尾线、丁头鼠尾线、两头尖线和两头粗线，如下图所示。

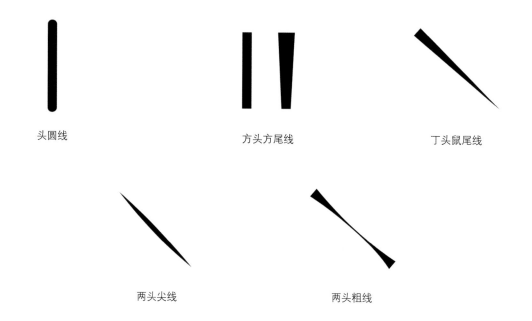

头圆线　　　　　　　　方头方尾线　　　　　　　　丁头鼠尾线

两头尖线　　　　　　　两头粗线

❷ 设计线描

设计线描也叫设计线稿，是利用各类设计工具绘制闭合线条的图形或图案，用笔肯定并带有情感变化，绘制时需要注意线的粗细、疏密、曲直、轻重和缓急。此外，需要注意长线过多会显得简单、单调，短线过多会显得琐碎、繁乱，要合理地运用它们，并对造型进行细致入微的刻画和艺术化的处理。设计线描常用的绘图笔有两种，具体区别如表3-4所示。

表3-4 笔的选择

分类	作用
针管笔	细线，表意明确、流畅肯定、简洁明快，常用于勾勒简单物体的造型，还可以用作装饰线，丰富和辅助美化造型； 粗线用于轮廓线，可以突出主体； 多条单线进行疏密排列时会形成复线，复线比共用单线更容易深入刻画
马克笔	可强调"黑、白、灰"对比与层次变化

❸ 常见刻面宝石结构线描

◎ 圆形宝石画法

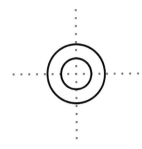

01 在十字辅助线上画同心圆。

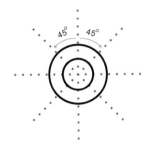

02 双向 45° 角作辅助线。

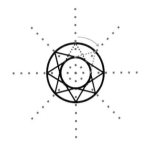

03 依次连接同心圆与辅助线的交点。

04 去掉辅助线。

05 设计师手稿画法。

◎ 椭圆形宝石画法

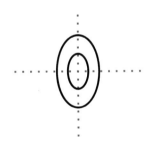

01 在十字辅助线上画同心椭圆。

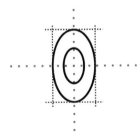

02 在外圆画方框辅助线。

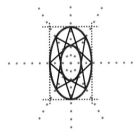

03 画出方框的对角辅助线，并顺时针依次连接同心椭圆与辅助线的交点。

04 去掉辅助线。

05 设计师手稿画法。

◎ 梨形宝石画法

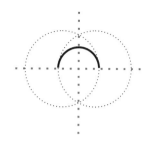
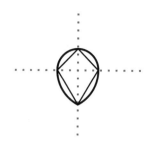
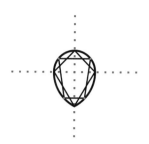

01 在十字辅助线上居中画半圆弧并画出两个相切于半圆弧的圆形辅助线。

02 去掉多余的辅助线，保留需要的轮廓，连接梨形与十字辅助线的交点。

03 分别在横轴上方左右 2/3 处取点，再分别在横轴下方左右 1/4 处取点，连接 4 个点。

04 去掉辅助线。

05 设计师手稿画法。

◎ 马眼形宝石画法

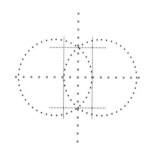
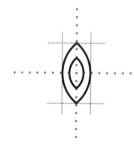
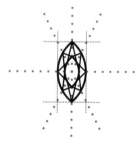

01 在十字辅助线上画交叉圆辅助线，在中间马眼形外围作方形辅助线。

02 去掉圆形辅助线，画同心马眼形。

03 画出方框的对角辅助线，顺时针依次连接同心马眼形与辅助线的交点。

04 去掉辅助线。

05 设计师手稿画法。

◎ 心形宝石画法

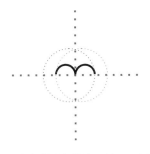

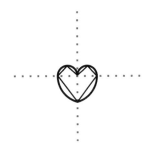

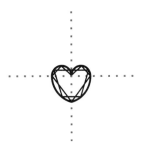

01　在十字辅助线纵轴两侧画两个相同的半圆弧，再画两个相切于它们的圆形辅助线。

02　去掉多余的辅助线，保留需要的轮廓，连接心形与十字辅助线交点。

03　分别在横轴上方左右 1/2 处取点，再分别在横轴下方左右 1/4 处取点，连接 4 个点。

04　去掉辅助线。

05　设计师手稿画法。

◎ 祖母绿型宝石画法

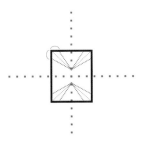

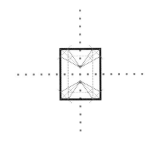

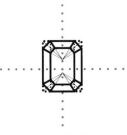

01　在十字辅助线上画矩形，纵向三等分后分别连接 4 个角顶点。4 个角分别向两边相等距离处取点，并与三等分点连接。

02　依次连接绿色、玫红色、蓝色、橙色辅助线。

03　确定保留线。

04　去掉辅助线。

05　设计师手稿画法。

3.2 熟悉构成

3.2.1 平面构成与立体构成

❶ 构成艺术

构成可以通俗地理解为"搭建组合"，将各种基本形态元素按照一定的美学规则进行设计组合，这种利用美学组合的方式就是构成艺术。

搭建组合示意

构成可分为自然形成的（如莲花花瓣的生长排列规律）和人为创造的（如立交桥的搭建形式），如下图所示。

自然形成的构成

人为创造的构成

❷ 平面构成

在平面上将单位元素按照美学规则进行重复、发射、解构、渐变和特异等方式的排列组合就是平面构成，这是最基本的设计方法，也是珠宝设计的基本方法。

表3-5所示为平面构成的常见形式及特点。

表3-5 平面构成的常见形式及特点

形式		示意图	特点
重复			单位元素按特定美学规律反复排列，具有形式美感
发射			从内向外或从外向内发散，具有韵律美感和动感
解构			完整的形象经过拆分分解后重新组合，排列成全新的造型，看起来具有抽象的艺术感
渐变	大小的渐变	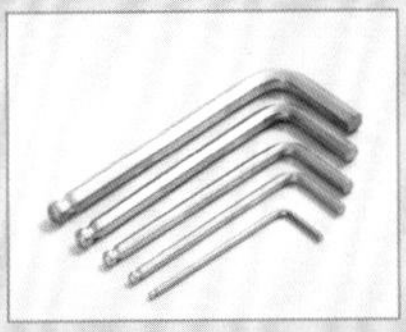	单位元素有节奏和韵律地进行规律性变化，具有形式美感
	色彩的渐变		
	疏密的渐变		
	虚实的渐变		

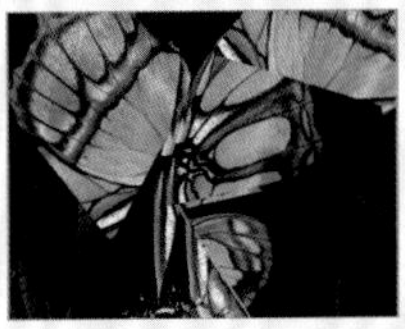

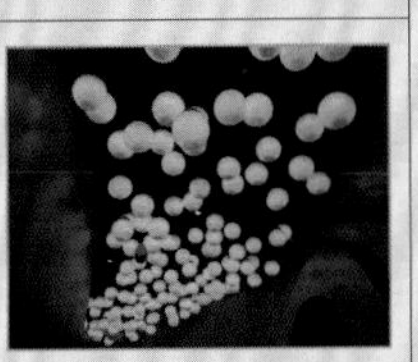

形式		示意图	特点
特异	形状的特异	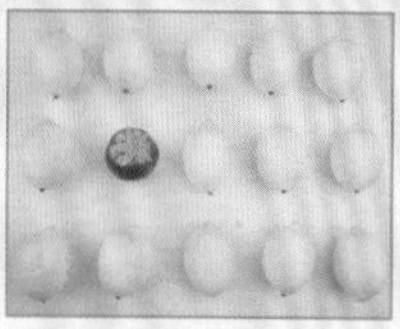	在固有的形态、形式、规律中进行局部的个别变化，打破固有的规律性构成形式，给人以新奇的感觉，吸引眼球
	大小的特异		
	位置的特异		
	方向的特异	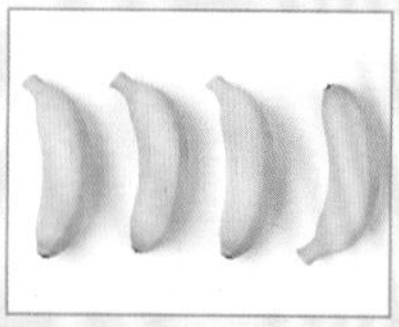	
	色彩的特异		

❸ 空间概念

空间是立体设计存在的载体，能够表现出平面绘画中的远近虚实关系，微浮雕上的深浅高低层次关系，立体雕塑中的三维空间关系等，如右图所示。平面与空间进行转换是设计学中立体构成的基础，更是珠宝立体艺术设计的基本思想。

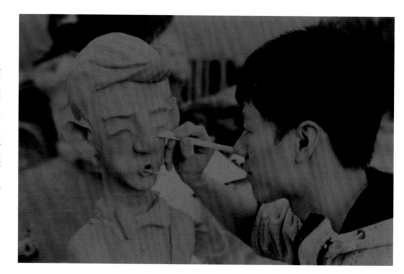

雕塑过程

以概念作品"Shining"戒指为例，该作品诠释了珠宝设计中空间关系的综合应用，作品在选材上大胆尝试新材料，将玻璃艺术与珠宝创作进行巧妙结合。外部用玻璃还原出自然界中鹅卵石的形态，内部放入细胞形态的玻璃泡，装有99颗钻石，在自然光的照射下，透过玻璃由内而外闪烁出耀眼的光芒。利用空间内部和外部的对比与调和将具有差异的两种物质完美融合，传递出对待事物不能只看外表，即使再平凡无华的普通石头也会绽放出梦幻般的光芒，诠释出自然的力量和人性的璀璨，只要心中有美好的向往，定会绽放出迷人的光彩。该作品的制作过程如下图所示。

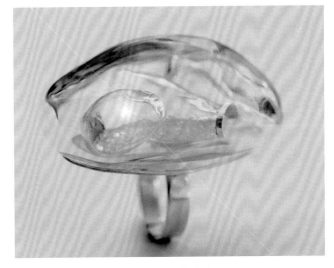

"Shining"戒指

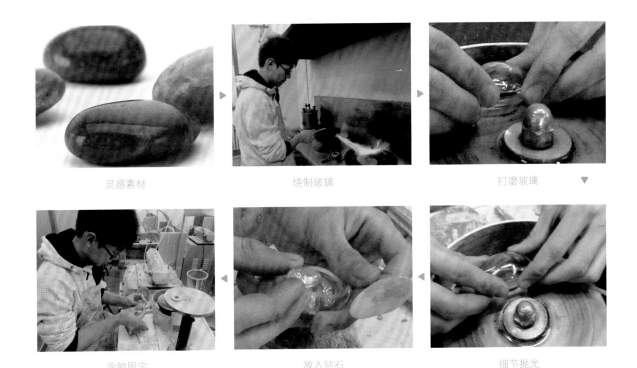

灵感素材　　　　　　　烧制玻璃　　　　　　　打磨玻璃

涂胶固定　　　　　　　放入钻石　　　　　　　细节抛光

"Shining"戒指的制作过程

💎 小贴士

　　在珠宝制作过程中，如果涉及金属和玻璃等透明的材料结合时，通常用无影胶水来进行固定。无影胶水在使用时需要在200℃的白炽灯光照下完成烤干操作，胶水干后既无痕又牢固。

❹ 空间构成

空间构成也叫作立体构成，它研究的是物体与立体空间的关系，主要是指在三维空间里进行的造型设计。空间构成是珠宝造型艺术的核心思想与要求，即告别"平片化"，使珠宝具有"体积与内外空间"。

首饰设计中融入空间设计思维，最常见的形式如下图所示。设计师在设计时利用立体空间思维使原本平面化的曲线变得立体起来，使作品显得生动、不呆板，且具有艺术美感。

首饰设计中的"空间构成"

❺ 时间构成

时间构成是指空间形态随时间的变化而发生变化。时间构成最重要的元素是"光造型元素"，任何物体通过光的照射后，都会有明、暗、光、影的关系，光发生变化后这些关系也会随之改变。同一物体由于人们的观察方法和观察时间（中午与黄昏）不同，感受也会截然不同。

在绘画时给画中的物体设定一个光源条件，画中的物体被光照射后便会具有高光、亮面、灰面、暗面、投影、反光和环境色，从而变得立体和真实。素描绘画之所以可以塑造出立体感，是因为利用了光影规律。

3.2.2 构成艺术的应用体现

❶ 生活中常见的构成形式

自然界中许多动植物的生长形态、物体的造型规律和排列形式都具有独特的形式美感，比如多肉植物的生长排列形式、楼梯阶梯的排列形式、建筑屋顶砖瓦的排列形式、巧克力块的排列形式等都是生活中常见的构成形式，如下图所示。

生活中常见的构成形式

❷ 珠宝设计中的构成艺术

珠宝设计中的构成艺术分为珠宝的平面构成艺术和空间构成艺术。珠宝的平面构成艺术指的是金属表面肌理或宝石等珠宝装饰元素在珠宝表面的组织排列形式与色彩搭配关系。珠宝是附着在人体上的空间艺术品，在珠宝设计中为了避免平面化的单一设计形式，需增强珠宝的内空间设计和立体空间造型设计。

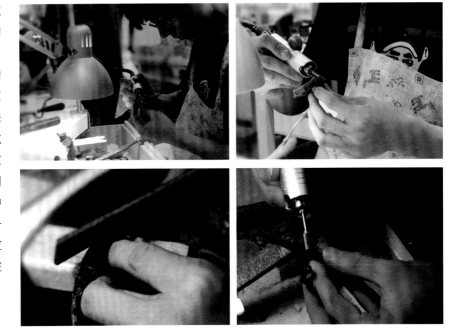

雕蜡过程

概念款戒指"原罪"的设计灵感来自亚当和夏娃的故事。采用人体的肋骨造型，通过艺术化的处理手法使肋骨扭曲，创造出一定的空间感，使珠宝本身仿佛是一件戴在指尖上的立体雕塑，如下页图所示。

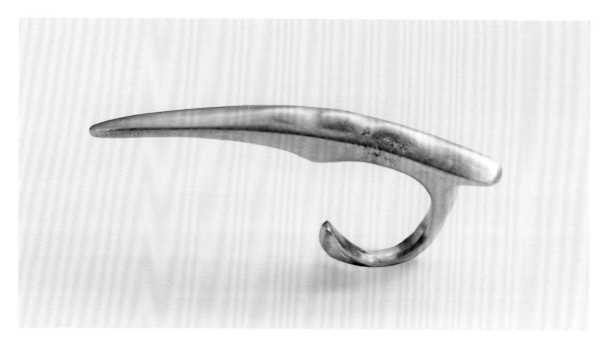

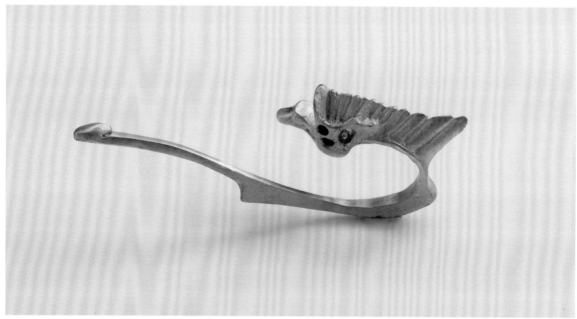

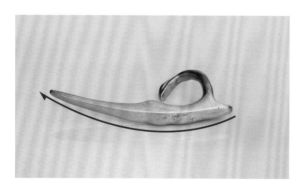

首饰设计中的构成艺术

3.2.3 珠宝艺术与透视原理

透视是在平面上还原物体的实际空间关系，塑造出空间立体感。透视画法表达了物体的实际三维立体空间关系，在构成设计中起到视觉设计的关键作用，常说的"近大远小"就是透视原理之一。

设计的珠宝首饰必须符合透视原理，否则后续将无法进行工艺制作。如何将透视原理运用到珠宝设计绘图中，如何将二维平面延展到三维立体空间结构中，接下来以戒指的透视画法为例进行讲解，如右图和下图所示。

戒指立体透视效果

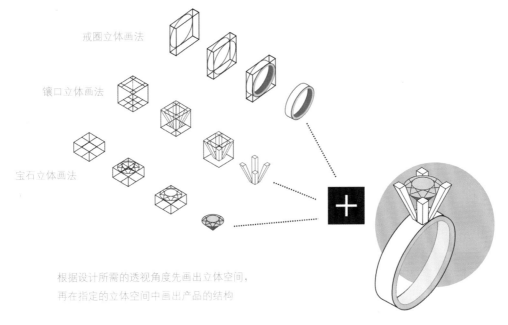

戒圈立体画法

镶口立体画法

宝石立体画法

根据设计所需的透视角度先画出立体空间，
再在指定的立体空间中画出产品的结构

戒指不同部分的透视画法

▌3.3 理解设计

3.3.1 珠宝设计的效果美法则

设计前，首先要明确所要表达的主题，形象准确是最基本的要求，让观者可以看懂设计；其次才是形式和技巧，形式是为内容服务的，技巧是设计表达的辅助方法之一。

提到"形式"，构图尤为关键，珠宝设计中的构图艺术是指将各类造型元素编排在一起，单位元素按照一定的规律排列组合，对每一个构成元素的形状、颜色、大小、位置和方向进行推敲。构成的主次关系要与主题风格相匹配，且要注意疏密关系，要先有大的疏密变化，再进行局部疏密处理，疏中有密，密中有疏，疏密变化可以使珠宝设计作品产生节奏感和韵律感。此外，还需要有点睛之笔，使作品呈现出整体统一的视觉效果，要么具有整齐划一的单纯美，要么具有多样统一的繁复美。

3.3.2 珠宝设计的形式美法则

珠宝设计的形式美基本法则及其解读如表 3-6 所示。

表 3-6 形式美基本法则

形式美处理手法		示意图	形式美处理手法解读
统一与变化	统一		把造型构成关系中的形态、肌理、质感、色彩、空间、大小、位置和形式等元素关系统一协调好，看起来恰到好处
	变化		打破单调性，形式可以是方与圆、曲与直、黑与白、冷与暖、明与暗、大与小、长与短、轻与重、强与弱等方面的鲜明对比
对称与均衡	对称		中轴线两侧的画面或造型完全一样
	均衡		它是力的平衡、感知上的平衡和视觉上的平衡，中轴线两侧的分量是相当的，但不一定是相等或完全一样
对比与调和	对比		对比是求差异，将相互差异较大的两个元素进行对比，打破单调平庸，具有生动感
	调和		调和是求相近，利用减弱的方法进行调整，使双方的差异化降低到相似
动感与静感	动感		生动、活泼，具有生命力
	静感		庄重、典雅、沉稳，所谓的静感应该是静中有动，动中有静，静动结合才可以创作出最佳的艺术效果
节奏与韵律	节奏		单位元素有规律、有秩序地重复排列。点的聚合疏密，线的强弱、快慢、长短、宽窄，面的大小、方圆、疏密组合等都可形成节奏
	韵律		韵律是带有节拍性的间隔或渐变运动，可使画面产生律动美
条理与反复	条理		大自然或事物的组织规律，如花瓣生长规律具有条理性
	反复		河塘中的荷叶反复出现形成了有序的反复

右图是高级珠宝"宁绿"系列中的作品"尊贵的阁下"鹦鹉胸针的创作草图。

创作草图

设计时将人为主观修饰美和自然的原始美合二为一，创作出具有极致奢华美感的珠宝作品。用白色钻石铺满鹦鹉的全身，配上祖母绿宝石作装饰，祖母绿的翠绿色在白色的衬托下更加浓郁，增强了视觉冲击力，统一中带有变化与对比。为了避免视觉上过于突兀，用凸起的金属边线作为边缘线进行调和，增强视觉的舒适感。色彩搭配上忽略现实原色，采用人为主观的配色设计方法，使珠宝具有独特惊艳的设计美感，如右图所示。

手绘效果图

整体造型采用了均衡的处理手法，鹦鹉的头与尾，鹦鹉的身体与右下角的祖母绿，都构成了均衡美。鹦鹉羽毛按自然生长规律反复排列，具有别致的美感，树干的自然生长走势具有天然的条理性，如下图所示。

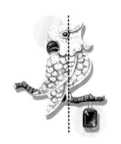

均衡　　　　　　　　　　　　　　　　　　　　条理、反复、韵律

形式美剖析

3.3.3 钻石排石设计案例

前面主要讲解了珠宝设计中用到的造型基础知识，如点、线、面和形式美法则，初步介绍了宝石的线性画法和珠宝的空间透视画法等。本小节主要以案例形式展示钻石排石的形式和效果。

运用形式美法则进行排列组合可以拼出具有奢华美感的珠宝。单位元素有规律、有条理、有节奏地进行对称和反复排列，可以使珠宝整体效果整齐统一。穿插垂体设计和间隔设计，局部增添特殊颜色的宝石，可在统一中产生变化，使设计变得生动，富有动感和形式美感。钻石排石的形式和效果如下图所示。

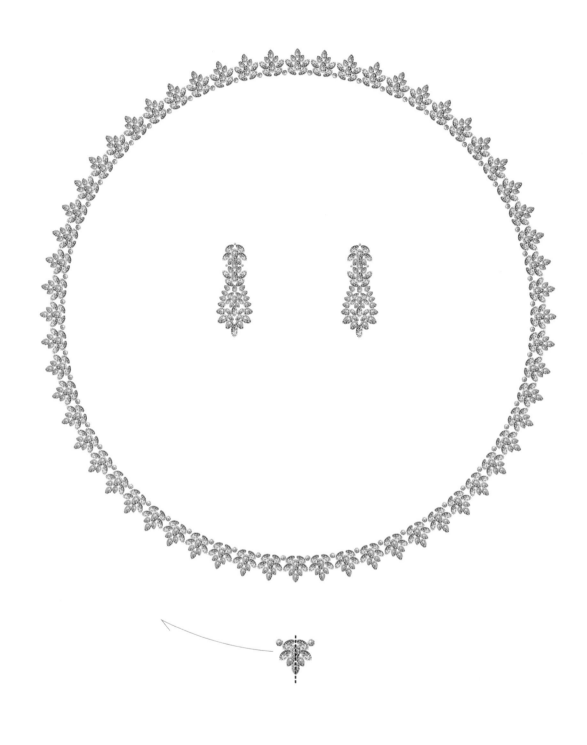

对称结构的单位元素按顺时针方向有节奏地排列

钻石排石案例（一）

① ②

对称结构的单位元素按顺时针方向有韵律地间隔排列

钻石排石案例（二）

对称结构的多种单位元素有序地反复排列

钻石排石案例（三）

动与静、统一与变化

钻石排石案例（四）

对称结构的单位元素向两侧有条理地排列

钻石排石案例（五）

第4章

珠宝色彩艺术

本章前部分讲解了有关色彩的基本理论，通过色彩的构成、错视、搭配等原理和彩宝配色技巧引出本章的核心知识点"彩宝排石设计"和"珠宝手绘着色"，一系列案例分析让读者可以掌握色彩在珠宝设计中的具体应用和手绘珠宝效果图的方法。

4.1 认识色彩 | 4.2 感知色彩 | 4.3 理解色彩 | 4.4 珠宝着色法

4.1 认识色彩

4.1.1 色彩概述

❶ 色彩的发展

色彩从达·芬奇时期的古典主义色彩发展到莫奈时期的印象主义色彩，再到凡·高时期的后印象主义色彩，从对色彩客观性的描述到主观性的表达，是对造型基础中色彩的重新定义。古典主义色彩用色彩颜料来表达素描关系；印象主义色彩突破固有色，注重光源和环境色的影响；后印象主义用色彩来表达对客观事物的主观感受，如下图所示。

达·芬奇《蒙娜丽莎》　　　　　　莫奈《睡莲》　　　　　　凡·高《戴灰色毛毡帽的自画像》

❷ 色彩的类别

色彩分为黑、白、灰无彩色和红、黄、蓝等有彩色两大类，如表 4-1 和下页图所示。

表 4-1　色彩的类别

色彩	无彩色		黑、白、灰（浅灰、中灰、深灰、暖灰、冷灰等各种程度的灰色）
	有彩色	01 三原色	红、黄、蓝
		02 二次色	橙、紫、绿
		03 三次色	黄绿、黄橙、红橙、红紫、蓝紫、蓝绿
		其他颜色	

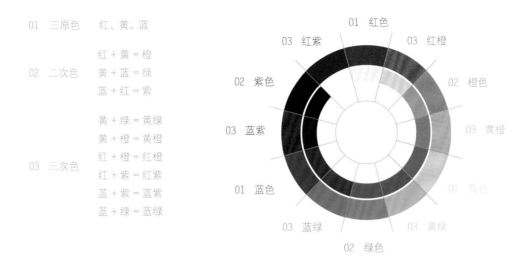

01 三原色	红、黄、蓝	
02 二次色	红 + 黄 = 橙 黄 + 蓝 = 绿 蓝 + 红 = 紫	
03 三次色	黄 + 绿 = 黄绿 黄 + 橙 = 黄橙 红 + 橙 = 红橙 红 + 紫 = 红紫 蓝 + 紫 = 蓝紫 蓝 + 绿 = 蓝绿	

图解色彩的分类

以下面的 24 色相环为例，任意一色与它相邻色为邻近色，相隔 2~3 色为类似色，相隔 4~7 色为中差色，相隔 8~9 色为对比色，相隔 10~12 色为互补色。

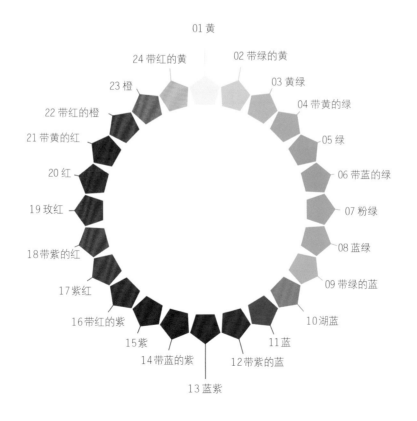

24 色相环

4.1.2 色彩属性

❶ 色彩三要素

有关色彩三要素的具体分析如表4-2所示。

表4-2 色彩三要素

名称	含义	要素分析
色相	色彩的视觉样子	如红宝石、蓝宝石、芬达石、黄钻、粉钻和祖母绿等体现出的红、蓝、橘、黄、粉和绿等色彩的样子
纯度	色彩的鲜艳程度	纯度越高，色彩越艳丽，越容易吸引人们的注意力，适合应用在彩宝群镶设计中，会使人产生兴奋愉悦感。纯度越低，色彩越浑浊，纯度低的色彩淡雅、浪漫、虚幻，也会有沉重、压抑的心理感受，所以在婚戒的设计中常用单色的白钻，而具有悼念性沉重主题的珠宝则选择纯度低且颜色较深的石头，如茶晶和石榴石等。在所有颜色中，红色的纯度很高，而蓝绿色的纯度很低
明度	色彩的明暗程度	无彩色色彩中最亮的是白色，最暗的是黑色，有彩色色彩中黄色明度最高，紫色明度最低。有彩色色彩可以通过对色彩加减黑、白、灰来调节明暗度。群镶中的渐变设计就是色彩明暗程度的具体应用体现

色彩明度效果如右图所示。

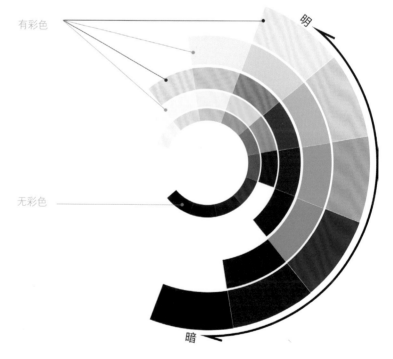

色彩明度效果

在彩色宝石中，同一种宝石虽然色相相同，但是由于其产地不同、内含物不同，品相上会具有不同的纯度和明度差异。接下来以红宝石和蓝宝石为例进行分析，如表4-3所示。

表 4-3　红宝石与蓝宝石

宝石及颜色		示意图	特点
红宝石	鸽血红		色泽浓郁、绝美明亮，主产于缅甸
	皇家红		相对于鸽血红，皇家红的明度更低，纯度更纯，主产于莫桑比克、泰国、柬埔寨和马达加斯加
	热粉色		红里略显蓝色，主要因为内含铬元素比铁元素多，可分在蓝宝石和红宝石两类中的任何一类，主产于缅甸、塔吉克斯坦、阿富汗、巴基斯坦、尼泊尔、越南、中国、莫桑比克和坦桑尼亚
	紫红色		颜色更加艳丽，主产于缅甸、斯里兰卡、莫桑比克、越南、阿富汗和坦桑尼亚
蓝宝石	矢车菊蓝		极致典雅，宝石色泽深浅适宜，主产于缅甸、斯里兰卡、马达加斯加和非洲
	孔雀蓝		色泽如同孔雀颈部或尾部羽毛般，高贵典雅，主产于斯里兰卡
	丝绒蓝		丝绒般雅致的蓝，主产于印度、斯里兰卡和马达加斯加
	皇家蓝		鲜艳的深靓蓝色，主产于缅甸、斯里兰卡和坦桑尼亚
	靛蓝色		明度比孔雀蓝、丝绒蓝和皇家蓝更低，纯度更低，主产于泰国、马达加斯加、中国和老挝
	蓝黑色		接近黑色的蓝，主产于澳洲、泰国、柬埔寨、尼日利亚、中国和越南

❷　色彩的调性

　　色彩的调性也叫色彩的基调，是指主要的色彩倾向会给人带来的感觉和印象，以及传达的情感感受，如表 4-4 所示。

表 4-4 色彩的调性

调性		示意图	特点
暖调	兴奋		红色系添加不同程度的黄色能表现出温暖的感觉，让人感到亲切、放松和舒适
冷调	沉静		深蓝色系、绿色系令人感到冰冷、冷静和沉着
亮调	兴奋		明亮的色彩具有明快、愉悦、对比强烈的色彩效果
暗调	沉静		暗沉的色彩具有压抑、沉闷、对比弱的色彩效果
鲜调	兴奋		鲜艳的颜色就是鲜调颜色，纯度是影响色彩鲜艳程度的主要因素
浊调	沉静	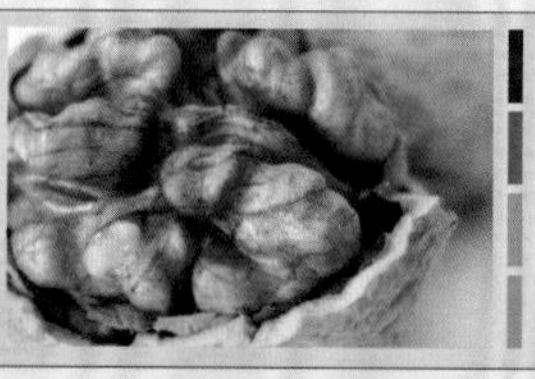	浑浊的颜色就是浊调颜色，多种纯色混合就是浊调
高纯度基调			有积极、冲动、外向、活泼和躁动的性格意味
中纯度基调		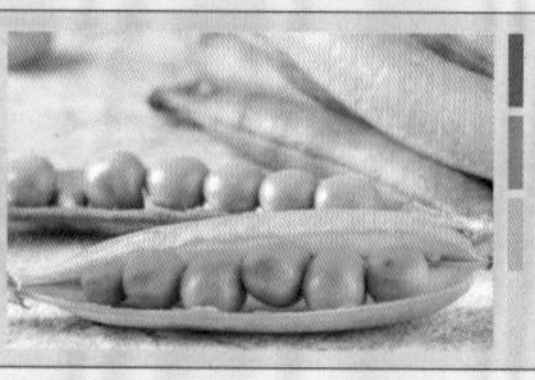	有稳定、平缓、可靠、中庸和亲切的性格意味
低纯度基调			有平淡、简朴、消极和陈旧的性格意味

4.2 感知色彩

4.2.1 设计与色彩

❶ 感知设计色彩

　　油画或照片采用的是写实的色彩，侧重于真实再现，而波普风格的色彩图块侧重于抽象表现。准确把握造型基础中写实色彩的运用，有益于发现感知设计中的抽象色彩；而对设计中抽象色彩的正确理解，有助于创造出造型艺术中写实色彩应用的新技法。无论是写实色彩还是设计色彩都是以色彩学理论为基础。

照片（写实色彩）

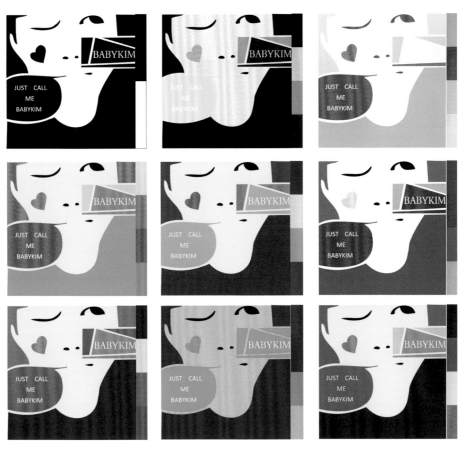

波普风（设计色彩）

❷ 感知色彩传递

相对于点、线、面，颜色是最容易被感知的，它是造型中视觉表现的重要元素之一。色彩构成、平面构成和立体构成有着密切的联系，色彩不能脱离造型而独立存在。我们常说"形形色色""多姿多彩"就可以体现色彩和形态的关系密不可分，色彩可以说是如影随"形"。颜色可以让我们更容易识别图形，也许你记不住麦当劳和百事可乐的商标图形，但你肯定能够从色彩上分辨出两个品牌的商标，因为感知色彩是人的本能。

麦当劳的标志和主色

百事可乐的标志和主色

4.2.2 象征与联想

❶ 色彩的象征

色彩的象征是人们在生活中对色彩的感知和认识掺杂着人的主观情感，从而得出的一种约定成俗的经验，如红色象征革命，绿色象征环保等，如表 4-5 所示。由于地域风俗的不同，色彩的象征也会不同，白色在中国代表丧礼，而在西方则代表神圣纯洁的婚礼，所以在设计时要恰当合理地应用不同色彩。

表 4-5　色彩的象征

颜色	色标	象征
红色	●	热情、危险、革命
橙色	●	温暖、微笑、美食
黄色	●	希望、童真、光明
绿色	●	环保、自然、生命
蓝色	●	沉静、科学、冰冷
紫色	●	高贵、优雅、忧郁
黑色	●	神秘、黑暗、失望
白色	○	纯洁、冰雪、医学
灰色	●	中性、平凡、压抑

❷ 色彩的联想

色彩的联想是以人的经验为基础的，由色彩的某种色彩感觉联想到与其相关的事物，它是一种富有创造性的思维活动，分为具象联想和抽象联想。

具象联想：由某种色彩联想到生活中某种具体的事物，比如看见绿色联想到树叶，看到红色联想到花朵，这就是具象联想，如下图所示。

关于绿色的具象联想　　　　　　　　　　　关于红色的具象联想

抽象联想：是相对于"具象联想"而言的，它是由某种色彩引起的概念联想，如由某种色彩联想到年龄、性别、经验、阅历、职业、爱好和性格等抽象概念。例如，看到深褐色就会联想到体弱的老人，明亮的黄色和蓝色就会联想到活泼的孩子，红色就会联想到女人，蓝白色就会联想到医药和科学，绿色就会联想到环保与自然，这些都是抽象联想，如下图所示。

关于深褐色的抽象联想　　　　关于黄色和蓝色的抽象联想　　　　关于红色的抽象联想

关于蓝色和白色的抽象联想　　　　关于绿色的抽象联想

4.2.3 色彩与联觉

色彩的联觉是色彩和色彩组合所引发的连锁情感反应，这和人对色彩的体验感受有着密切的关系，由一种色彩给人的心理感觉联想到另一种感觉的心理，比如"冷色调"会让人觉得"镇静与清凉"。色彩的联觉是利用各个色彩的属性特点进行搭配来表达某种特定的思想或情绪，具体体现有色彩与感官、形状、味道和时间等的联觉。

❶ 色彩与感官的联觉

由色彩给人带来的一种感受联系到另一种感官上的感觉叫作色彩与感官的联觉，如表4-6所示。

表 4-6 色彩与感官的联觉

色调	带来的感官联觉	示意图
冷色调	镇定、清凉	
暖色调	舒适、温暖	
鲜艳调	高贵、华丽	
灰暗调	朴实、稳重	

♡ 小贴士

这里的鲜艳调与灰暗调都是相对而言的。

❷ 色彩与形状的联觉

由色彩给人带来的一种感受联系到某一种形状叫作色彩与形状的联觉，如表 4-7 所示。

表 4-7 色彩与形状的联觉

色彩	示意图	带来的形状联觉	示意图
"活力" 的黄色		圆形	
"顽强" 的红色		三角形	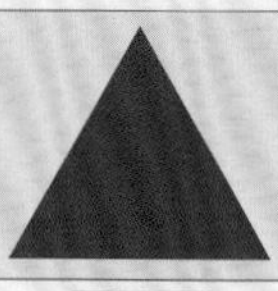
"平静" 的蓝色		六边形	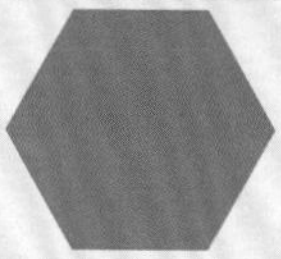

❸ 色彩与味道的联觉

由色彩组合给人带来的一种视觉上的感受联系到某一种味道叫作色彩与味道的联觉，如表 4-8 所示。

表 4-8 色彩与味道的联觉

色彩	示意图	带来的味道联觉
柠黄色、草绿色		酸味感
淡粉色、丁香紫色、粉红色		甜味感
深蟹青色、橄榄绿色、咖啡色、酱红色		苦味感
深红色、橙色、绿色		辣味感
淡黄色、柠檬黄色、橙色		食欲感
淡粉色、丁香紫色、淡蓝色、蓝色		芳香感
灰绿色、黄灰色、紫灰色	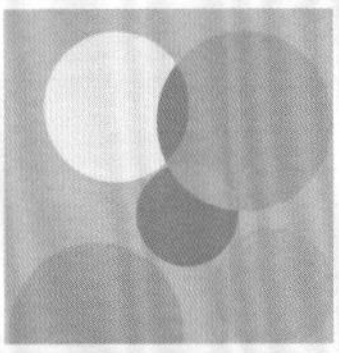	腐烂感
咖啡色、深棕色、深蟹青色		味浓感

❹ 色彩与时间的联觉

由色彩组合给人带来的一种视觉上的感受联系到某一段时间叫作色彩与时间的联觉，如表 4-9 所示。

表 4-9 色彩与时间的联觉

色彩	示意图	带来的时间联觉
淡黄色、草绿色、淡蓝色		春天
肉粉色、朱红色、浅玫红色		夏天
豆沙色、红棕色、深绿色	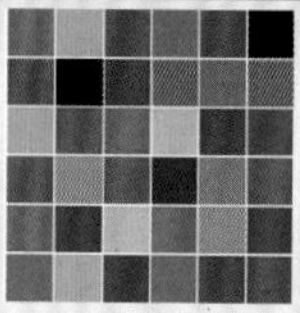	秋天
浅灰蓝色、深灰蓝色、淡蓝色		冬天
注：上面是用空间混合法来表达春、夏、秋、冬 4 个季节的时间感觉		
淡蓝色、灰蓝色、深蓝色		清晨
米黄色、灰蓝色、橘灰色		中午
土黄色、褐色、棕色		黄昏
青莲色、钴蓝色、黑色		夜晚
注：上面是用色彩归纳法来表达早晨、中午、黄昏和夜晚 4 种时间感觉，色彩归纳法是将复杂的色彩画面归纳成几个主要色块的色彩艺术表达形式		

4.3 理解色彩

4.3.1 色彩的构成

色彩构成是按一定规律去解析色彩各部分组成之间的关系，还原其基本色彩构成要素，将基本色彩要素重新组合与搭配的过程。色彩构成的方法是进行恰当的提炼、组合、对比和调和。

◎ 案例作品："宁绿"

灵感来源：作品以鹦鹉形象为主要造型元素，用各种彩色宝石在冷暖上进行强烈对比，用补色进行调和，从而达到视觉上的舒适度，均衡的造型设计让作品更显灵动性。

创作素材

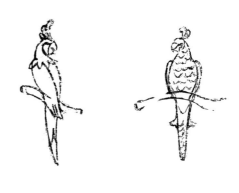

创作草图

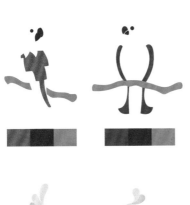

色彩归纳

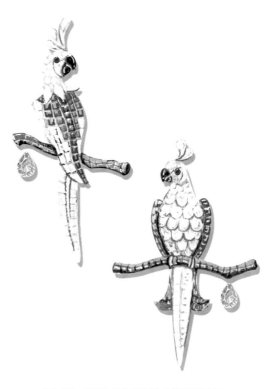

"宁绿"系列情侣款高级珠宝胸针手绘图

❶ 无彩色构成

无彩色的构成方式、特点及示意图如表 4-10 所示。

表 4-10 无彩色构成

构成方式		特点	示意图
无彩色对比构成	黑白对比	大色块对比，效果明显，简洁强烈	
	黑灰对比	灰暗色对比，沉重、压抑	
	白灰对比	明亮色对比，柔软、轻盈	
无彩色调和构成	黑、白、灰调和	完整、丰富、细腻的组合方式	

❷ 有彩色构成

有彩色的构成方式、特点及示意图如表 4-11 所示。

表 4-11 有彩色构成

构成方式		特点	示意图
有彩色对比构成	明暗对比	加强色彩的明暗层次变化，重视色彩的体感和空间感	
	面积对比	"万绿丛中一点红"就很好地诠释了面积对比的方法和效果，多采用对比色，有主有次，切勿面积上均等	

构成方式		特点	示意图
有彩色调和构成	同类色调和	在色相对比强烈的色彩组合里，为达到整体的统一协调，可加入同类色，以达到和谐的视觉效果	
	对比色调和	利用对比色的调和可以求得视觉上的舒适与平衡	
	邻近色调和	利用邻近色作为配色进行调和，采用纯度和明度对比较弱的色彩，产生柔和与协调感，给人亲近的感觉	
	间隔色调和	以黑、白、灰和金、银等色为间隔边缘线进行间隔色调和	

4.3.2 色彩的错视

色彩是依附在特定的平面或空间形体上的一种"感觉"，只要有色彩，就会有错视。下面是两组等大的方形和五角星，因色彩明暗程度的变化，给人的视觉感受也发生了变化。

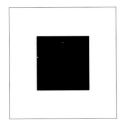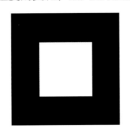

错视

色彩的错视分析如表 4-12 所示。

表 4-12 色彩的错视

颜色	条件	错视感觉	错视结果	经验结论
亮色 / 暖色	相同大小和形状在明暗不同的背景下	向前凸出、扩张	黄色的星星和白色的方形显大	亮色或暖色适合主体色
暗色 / 冷色		向后收缩、后退	蓝色的星星和黑色的方形显小	暗色或冷色适合背景色

右图中暖色的车为主体，用冰蓝色的雪山和天空作为冷色背景来烘托主体，使主体更醒目。

冷暖色的运用

暖色鹦鹉为主形象，用翡翠作为冷色背景来烘托主体，使主体色彩形象更鲜明，如下图所示。

细节图

冷暖色调在珠宝设计中的运用

❶ 色彩的时间错觉

色彩是一门艺术，对色彩的感受可以影响我们的心理和情绪。红、黄和橙等颜色为暖色系，蓝、绿和紫等颜色为冷色系，两种色系能使人们对空间环境产生不同的心理感受。

在暖色调房间里的人会感觉时间过得很快，在冷色调房间里的人会感觉时间过得很慢，这和色彩的时间错觉原理有一定的关系，如下图所示。暖色调色彩明快、温暖，具有亲和感，让人感觉舒服、慵懒，会让人不由自主地享受此刻的生活，陶醉其中，因而感觉时间过得慢；而冷色调色彩则拉大了空间，显得空旷、冰冷、寂寞和无助，让人觉得每一分每一秒都在煎熬着，所以时间显得尤为漫长。

冷暖色调房间对比

在进行彩色宝石设计时，宝石的选择要根据设计者所要表达的特定情绪和情感而定，如下图所示。

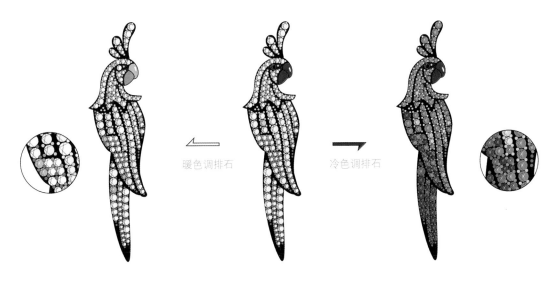

暖色调排石　　　　冷色调排石

冷暖色调排石对比

♡ 小贴士

　　通常情况下，即便是用纯黄色或蓝色宝石镶满鹦鹉的全身，在设计时也可以有意识地进行"跳色"处理，在局部细节处加入一些其他颜色或同色相不同明度的宝石进行局部空间混合，这样效果会更生动，具有时尚感。

❷ 色彩的空间错觉

　　色彩的空间错觉即色彩的空间混合，将画面中的主要色相提取出来，然后通过明暗对比达到一定的空间关系和视觉舒适度，即明度达到舒适和谐的色彩混合法，也可以是物体所有色相进行混合后达到色彩视觉舒适度的方法，这种方法叫作色彩空间混合法，如下面左图所示。空间混合法排石如下面右图所示。

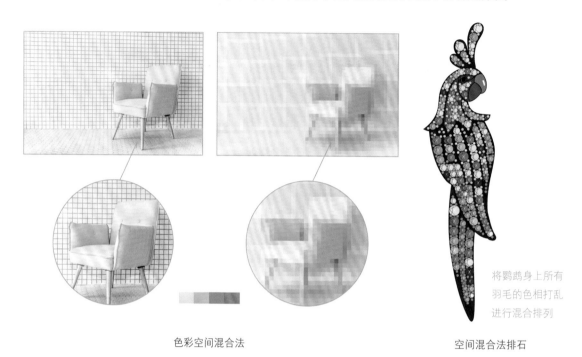

色彩空间混合法

将鹦鹉身上所有羽毛的色相打乱进行混合排列

空间混合法排石

4.3.3 色彩的搭配

　　在色彩里没有好看和不好看的颜色，只有好看与不好看的搭配，搭配的目的是为取得"和谐"之美，"和谐"不等于简单、单调和呆板。

　　鲜艳的橙色、黄色和蓝色搭配，可以构成时尚现代派；粉红色和粉绿色搭配具有一种娱乐性；浅色调可以体现出雅致大方的风格；橘红色、湖蓝色和土黄色等对比可以产生一种轻松愉快的感觉。不管是什么颜色，只要进行合理巧妙的搭配，从而达到"舒服"的视觉效果，就是有意义的。

❶ 常用色彩搭配原理

　　无彩色珠宝如右图所示。

无彩色珠宝

◎ 黑色

色彩简介：黑色具有神秘、沉默、力量、严肃和黑暗等意味。

搭配技巧：黑白对比极具现代感。

色彩公式：黑 + 白 = 现代感。

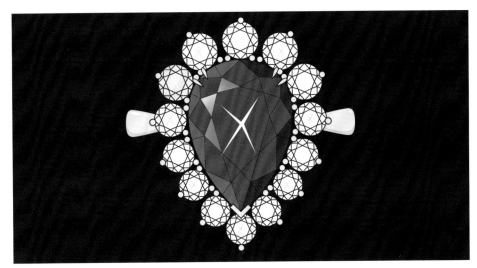

无彩色珠宝——黑色系

有彩色珠宝带给人的感受，具体如下。

◎ 红色

色彩简介：不同的红色会给人带来不同的心理感受，鲜艳的红色代表喜庆、祥和、激情、热烈和冲动等，暗淡的红色会给人庄严、稳重的感觉。

搭配技巧：大面积粉色搭配小面积红色、黄色和玫红色，构成舒服、和谐的效果。

色彩公式：多粉 + 少红 + 少黄 + 少玫红 = 舒服、和谐。

有彩色珠宝——红色系

◎ 黄色

色彩简介：黄色是非常醒目的颜色，是有彩色色彩中最亮的颜色。黄色给人以明亮、温暖的感觉，能够营造出温暖、童真和喜悦的氛围。

搭配技巧：黄色、黑色和白色搭配时具有很高的视觉冲击力。整体为黄色，局部配以黑色，可形成若隐若现的视觉错觉；整体为白色，局部配以黄色，可形成明快的视觉感受。

色彩公式：多黄＋少黑＝若隐若现；多白＋少黄＝明快。

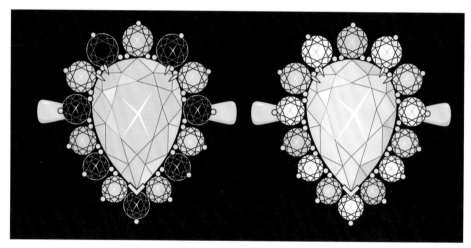

有彩色珠宝——黄色系

◎ 绿色

色彩简介：绿色平静、清新，充满生命力，可传达出和平、环保和安静的氛围。

搭配技巧：低纯度的绿色和红色形成弱对比，局部再配以黄色和蓝色，舒适中透露出动感。

色彩公式：低纯绿＋低纯红＋少黄＋少蓝＝舒适与动感。

有彩色珠宝——绿色系

◎ 蓝色

色彩简介：蓝色具有冷淡、深沉、理性、永恒和智慧等意味。

搭配技巧：清凉的淡蓝色、富有朝气的黄色和略带少女感的浅粉色搭配，能够营造出轻松愉快的童心少女感；湖蓝色和橘黄色搭配，具有时尚感。

色彩公式：淡蓝 + 黄 + 浅粉 = 愉快童真、少女风；湖蓝 + 橘黄 = 时尚感。

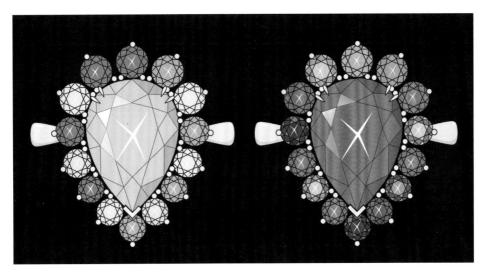

有彩色珠宝——蓝色系

◎ 紫色

色彩简介：紫色具有不同的象征意味。淡紫色具有优雅、可爱的意味，深紫色则传达出虚弱、无力、死亡和悲伤的气息，给人一种压迫、恐怖和灾难的感觉。

搭配技巧：深紫色和深蓝色搭配具有神秘、高贵的感觉，能完美地烘托出迷人的意境。

色彩公式：深紫 + 深蓝 = 高贵神秘。

有彩色珠宝——紫色系

❷ 彩色宝石配色原理

　　彩色宝石简称"彩宝"，其搭配设计非常考验设计师的功底。设计师对于宝石配色需要有自己独特的见解和想法，并不是每一种宝石都要用最名贵且颜色最纯正的珍品宝石才能创造出最好的设计作品。有时颜色太浓太深的配色设计未必好看，和其他颜色搭配起来，会显得太暗沉，然而用颜色略浅的宝石，整件珠宝可能会显得更明亮鲜艳。宝石配色原理与运用如表4-13所示。

表4-13 宝石配色原理与运用

搭配类型	搭配原理	搭配方法	搭配效果	示意图
渐变色搭配	邻近色搭配	利用同一种宝石不同品相的颜色和明度进行渐变设计，闪亮的金属边线作间隔边缘	增强立体感、空间感	
撞色搭配	对比色的宝石进行混合搭配	选用纯度高（艳丽）、明度高（闪亮）的宝石进行搭配设计，如芬达、黄蓝宝、黄钻等橙色或黄色的宝石可以与托帕石、海蓝宝石、蓝宝石和坦桑石等蓝色的宝石进行搭配	增强时尚感，搭配时注意色彩的对比和调和关系	

珠宝与使用场合，如表 4-14 所示。

表 4-14 珠宝与使用场合

场合	搭配原则	效果	注意事项
晚宴场合	成套佩戴，越大越漂亮	耀眼夺目	搭配时不能戴一个红宝石的吊坠配一个蓝
休闲场合	单件佩戴，精致、小而美	画龙点睛	宝石或祖母绿的戒指

❸ 彩宝排石综合设计案例

"彩宝排石综合设计"是以上一章讲到的"钻石排石基础设计"为前提，在构成形式和色彩搭配上进行的综合运用，以非常常见的渐变排石法和撞色（对比色）排石法为例，进一步展示色彩在珠宝设计中的应用，如下图所示。

渐变排石法

撞色排石法

4.4 珠宝着色法

4.4.1 单色金属与钻石着色法

◎ 案例作品："月下舞者"系列

　　灵感来源：在皎洁的月光下地面上的积水闪闪发亮，水面上的白天鹅犹如一位美丽的舞者在翩然起舞，如下图所示。设计者以此为灵感，设计了一款珠宝，用美丽的白天鹅象征这个世界上最美的女人——母亲，该系列作品分为日常款设计和高级珠宝款设计。

　　创作时间：2010 年。

　　绘画方式：用铅笔在硫酸纸上起草图，再转印到黑卡纸上，最后利用水粉颜料进行珠宝手绘。

创作素材

　　在完成设计草图后，可以用硫酸纸将设计图拓印下来，再在硫酸纸背面用 8B 铅笔涂上铅粉，便可将硫酸纸上的设计图稿拓印在黑卡纸上，如下图所示。

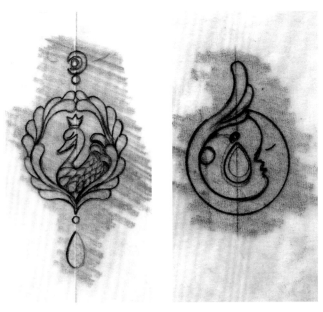

创作草图

关于黄金的手绘表达方式，如下所示。

第1步：先预留出宝石的绘画部分，并做留白处理。在黄金部分整体铺上一层土黄色，作为黄金的固有色。

第2步：用淡黄色画出中间色部分，并用少量柠檬黄色提升局部亮度，用赭石色和深褐色塑造出暗面关系，这样就呈现出了初步的立体感。

第3步：利用白色颜料在局部画出高光点和反光点，利用其他渐变色塑造出各个面的光感和渐变效果，从而形成空间的体积感。

黄金的手绘技巧就是利用黄色等颜料来画"单色素描"关系，从而让首饰具有立体感，不再平面化。绘画时尽量让透视结构符合现实客观的真实性，每一处的结构都需要尽可能交代清楚，让设计图能够最大化展示出设计构想。

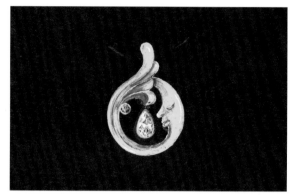

黄金的手绘表达

关于白金的手绘表达方式，如下所示。

第1步：先预留出宝石的绘画部分，并做留白处理。然后在金属部分整体平铺一层薄薄的冷蓝灰色，作为白金的固有色。冷蓝灰色可以用浅灰色加微量的普蓝进行调和。

第2步：用浅灰色画出中间色部分，并用少量浅灰白色作为亮面的色彩，用不同明度的深灰蓝色塑造暗面关系，这样就呈现出了初步的立体感。

第3步：利用白色在局部画出高光点和反光点，并利用其他渐变色塑造出各个面的光感和渐变效果，从而塑造出立体感。

白金的手绘技巧同样是利用黑、白、灰颜料来画"单色素描"关系，让首饰具有立体感。

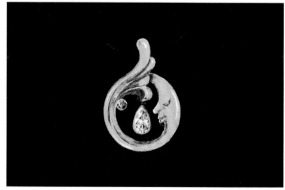

白金的手绘表达

白金钻石戒指的手绘表达方式，如下所示。

钻戒的手绘技巧主要需要注意的是单颗钻石要画得具有真实感和闪耀感。绘画前首先要知道钻石具有"火彩"的特性，将"火彩"画出来是钻戒绘图的核心要点。

先用灰色调画出钻石的底色，再用白色、深蓝色、蓝色和绿色等模拟钻石折射出的色彩，从而塑造出钻石的火彩颜色效果。

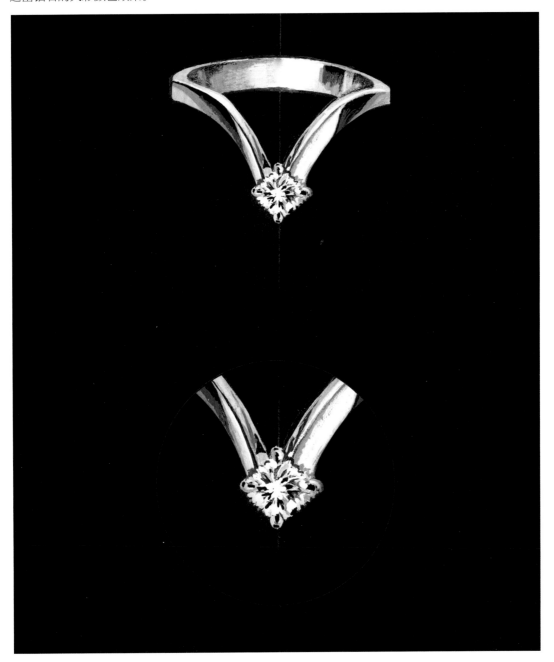

白金钻石戒指手绘图

关于群镶白钻的手绘表达方式如下所示。

第 1 步：在画钻石群镶珠宝时，不需要将几千粒钻石一一刻画出来。首先在钻石区域整体铺一层中度灰色，然后用亮一色度的浅灰白色按钻石的排石位置逐一画圆点或方形点，形状取决于镶嵌钻石的形状。

第 2 步：对部分钻石进行细节刻画，这样有主有次，有明暗关系，有空间远近关系，同时也有其他透视关系。值得注意的是，绘出的效果需要让人感觉到钻石就是镶嵌在底托上的，所有的钻石走势一定要跟随金属底托的造型走势来画，否则画面会很"假"。

群镶白钻的手绘表达——耳饰

💗 小贴士

用亮一色度的浅灰白色来画钻石圆点，就是利用了"黑底上白点具有前凸的视觉效果"原理来塑造出钻石的光芒，并且强调出钻石是镶嵌在底托上的空间位置关系。

群镶白钻的手绘表达——项链

4.4.2 多色宝石与珍珠着色法

◎ 案例作品："月光花园"

灵感来源：设计者利用星光蓝宝石和粉色蓝宝石为主石，配上白钻和用蓝宝石珠子穿成的项链作为搭配设计，绘制出神秘而唯美的梦幻花园景象，如右图所示。该作品在宝石选择上注意了冷暖对比和补色的使用，在色彩上具有深邃夺人眼球的视觉效果。

创作时间：2012 年。

绘画方式：用铅笔在硫酸纸上起草图，再转印到黑卡纸上，最后利用水粉颜料进行手绘。

创作草图

接下来对红、蓝宝石的手绘表达方式进行详细的讲解。

第 1 步：手绘高级彩色珠宝时应遵循色彩规律，首先要有冷暖对比，主体为暖色时背景通常为冷色。绘画时整体需要进行虚实明暗处理，其次单颗宝石也要绘制出明暗和高光，进而塑造出宝石的立体感。

第 2 步：蓝宝石串珠为冷色，可以和背景黑色卡纸进行融合，重点提取部分珠子进行提亮，画出高光，增加其闪光度，以达到若隐若现的视觉效果。

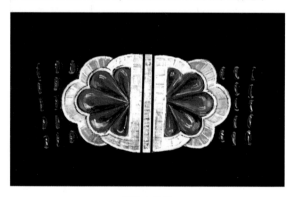

塑造立体感

提亮高光

第 3 步：主体部分如有单颗大克拉宝石时，需要重点细致刻画，注意宝石与宝石之间要增加环境色，如在蓝宝石边缘加少许红色反光，在粉色蓝宝石边缘增加蓝宝石带来的蓝色反光。

完整效果如下页图所示。

刻画细节

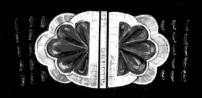

完整效果图

◎ 案例作品："深蓝"

灵感来源：作品以传统文化中的龙形为主要造型元素，用各种彩色宝石进行颜色对比，用补色进行调和，从而达到视觉上的舒适度，均衡的水花形状和对称的垂感流苏设计让作品更显灵动性。

创作时间：2014年。

绘画方式：用铅笔在硫酸纸上起草图，再转印到黑卡纸上，最后利用水粉颜料进行手绘。

创作草图

黑珍珠的手绘表达方式如下。

第1步：在黑卡纸上画黑珍珠时，要着重刻画黑珍珠的边缘反光、环境色和高光，以塑造出珍珠的立体感。

第2步：在绘制黄色18K金群镶彩色宝石和钻石时，先将黄金部分平铺上黄色，再将彩色宝石部分用宝石的低纯度色平铺，最后分别对金属和宝石进行明暗关系上的细致刻画，边缘部分一笔概括即可。

塑造立体感

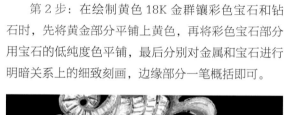

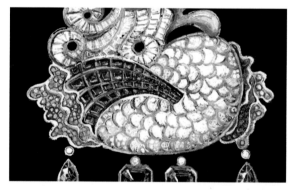

刻画明暗关系

第3步：合理运用同类色和补色等进行色彩调和。

完整效果如下页图所示。

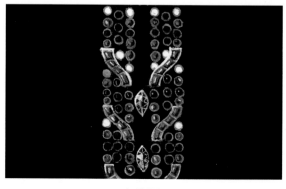

色彩调和

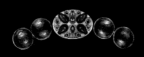

完整效果图

下面是祖母绿首饰的手绘效果图。

祖母绿首饰效果图

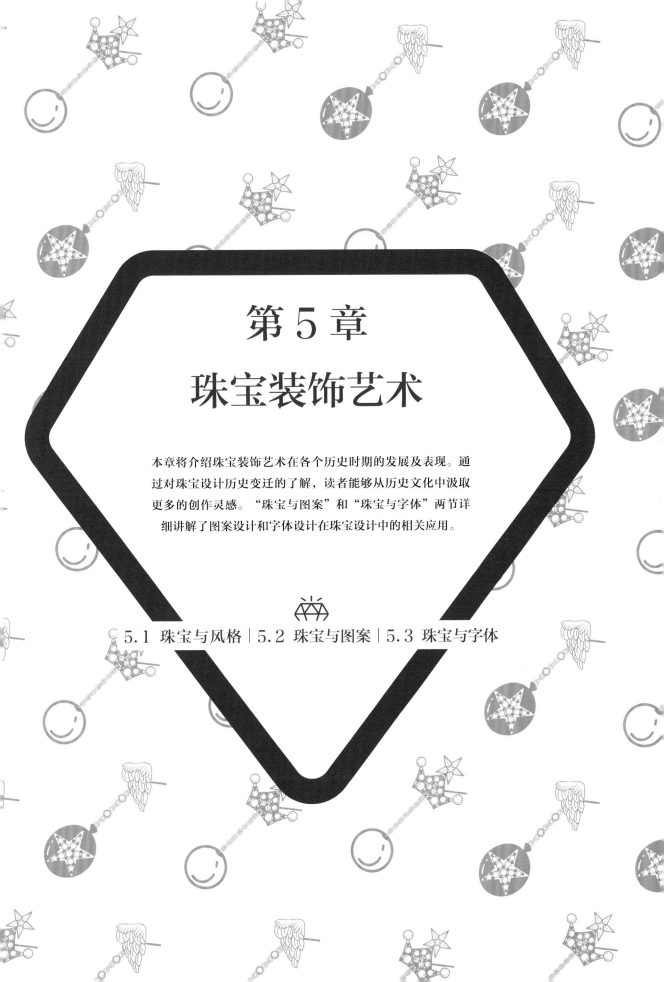

第 5 章

珠宝装饰艺术

本章将介绍珠宝装饰艺术在各个历史时期的发展及表现。通过对珠宝设计历史变迁的了解，读者能够从历史文化中汲取更多的创作灵感。"珠宝与图案"和"珠宝与字体"两节详细讲解了图案设计和字体设计在珠宝设计中的相关应用。

5.1 珠宝与风格 | 5.2 珠宝与图案 | 5.3 珠宝与字体

5.1 珠宝与风格

在艺术发展的每个重要时期，珠宝设计都会受到各个时代背景的影响而带有其鲜明的文化特征，具体表现在艺术风格、题材形式、材料运用和工艺制作等诸多方面。本节通过讲解中世纪时期、文艺复兴时期、古典艺术时期以及现代艺术时期的装饰艺术及影响来引入珠宝装饰艺术在各个时期的发展及表现。

5.1.1 中世纪时期装饰艺术及影响

中世纪时期（5~15世纪）的艺术家相对于对现实的理性描写，更着重表现精神世界。因此，艺术作品上的人物图案比例失调，画面缺少透视关系，造型扁平化且图案缺乏精致感。在技术上，伴随金属手工技术的逐渐成熟，首饰做工变得非常精巧细致，这一时期胸针背面就已经开始刻有和正面同一主题造型的图案了，这使得设计更具完整性。在原料上，中世纪皇室珠宝选用的原料主要是钻石、红宝石、蓝宝石和祖母绿，当时珍珠稀有珍贵，一度成为皇室与贵族的新宠。

拜占庭艺术风格是中世纪宗教艺术的风格之一。这种风格的珠宝首饰以金色、红色和蓝色为主，装饰图案多以极具装饰性、抽象性和宗教寓意的大面积几何图形、植物图案为主。在技术上，采用马赛克式的拼接镶嵌工艺、繁复的金属雕刻工艺和精美的珐琅工艺等形式，展现出当时精湛的手工技艺和华丽的时代特色。在原料上，常使用具有象征意义的象牙、宝石和玻璃等材料。右图是拿破仑一世加冕礼场景的油画，画中的服饰就是典型的拜占庭艺术风格，大面积的宗教色彩图案配合合成宝石展现出高贵与奢华感，极具华丽复古风。

拜占庭艺术风格服饰

5.1.2 文艺复兴时期装饰艺术及影响

文艺复兴时期（14~16世纪）开始回归对人性的关注，对比中世纪，这个时期的艺术作品逐渐开始体现出人文主义思想，从注重精神世界转为重视现实理性刻画与描写。绘画和装饰图案上的人物不再平面化，变得丰满圆润，开始有一定的光影和透视关系，这对后来整个西方艺术发展都有重要意义，从而正式拉开了西方近代美术史的序幕。这一时期的代表人物有意大利的达·芬奇、米开朗琪罗和拉斐尔。

首饰设计在这一时期依然以带有宗教元素和古典神话主题元素的装饰图案为主，比如用动物、人像的浮雕制作成做工精巧、细腻的珐琅首饰。在原料上，珍珠依然很珍贵，被奉为权力与地位的象征，当时只有贵族皇室可以佩戴珍珠。多层珍珠项链佩戴方式就是来源于那个时期，由英国女王伊丽莎白一世的情人罗伯特首创的具有一生一世"守护"之意的多层珍珠项链流行至今，已风靡世界数百年之久。在技术上，文艺复兴后半期宝石琢型技术有了巨大的改进，高超的宝石切割和琢型技术创造出了许许多多闪耀的刻面宝石，由此彩宝镶嵌迅速流行并取代了珍珠的地位。值得一提的是，受到当时社会服装、发型等的影响，大多数珠宝有不同的佩戴方式，既可以戴在高高的衣领上，也能戴在高耸的盘发上，这也充分展现出当时的时代特色。

哥特艺术风格以黑暗主题为主，运用古堡、蝙蝠、黑猫、教堂、十字架、骷髅等元素诠释黑暗中的绝望与挣扎，通过夸张、不对称、繁复等设计手法进行表现，它是文艺复兴时期标志性的艺术风格。这种风格首先出现在建筑上，非常具有代表性的就是教堂外部尖尖的建筑屋顶和高大并绘有圣经故事的玻璃花窗，如下图所示。在珠宝方面，全球著名珠宝品牌克罗心的设计风格就以哥特风格元素为主，一直秉持纯手工精细制作，每一件作品的艺术价值都远远超过了单纯作为银饰的意义和价值，它是为数不多的将银饰价格卖到比黄金还贵的首饰品牌之一。

法国亚眠大教堂

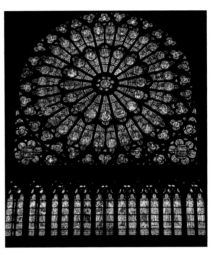
法国巴黎圣母院彩窗

5.1.3 古典主义时期装饰艺术及影响

古典主义时期(17~19世纪)尽显古典之风，以希腊、罗马古典文化为主，直接影响了后来的新古典主义。古典主义时期的主要风格有巴洛克艺术风格、洛可可艺术风格、新古典主义风格和维多利亚风格等。

❶ 巴洛克艺术风格

巴洛克艺术风格于16世纪下半期兴起，17世纪进入全盛时期，宏伟和奢华是巴洛克艺术风格的代名词。它否定古典主义的拘谨和古板，在艺术形式上追求不规则的形状和起伏线条，既带有宗教特色，又具有享乐主义色彩，同时弥漫着浓郁的浪漫主义气息。在古典艺术时期装饰图案和绘画艺术上有了非常成熟的光影规律和透视关系，很好地塑造出了作品的空间感和立体感，在细节刻画上也极其精致与逼真。巴洛克艺术风格极大地影响了后来的洛可可艺术风格、浪漫主义风格和印象主义风格，它是充满阳刚之气的男性风格。迪奥凡尔赛宫的花园系列高级珠宝作品就采用了精雕细琢的巴洛克艺术风格，仿佛为我们讲述了奢靡华丽的宫廷景象，体现出了自然的和谐、律动、空间和立体感，珍贵的彩色宝石赋予作品绚丽色彩的同时也展现出建筑与自然的微妙光变效果。

表 5-1 解释了"巴洛克"的含义。当时人们用"Baroque"形容"缺乏古典主义均衡与对称性的作品"，后来巴洛克演变成为一种艺术风格的代名词。在珠宝材料中，珍珠有一种品类叫作巴洛克珍珠（Baroque Pearl），意为"不规则的畸形珍珠"，正是取葡萄牙语中巴洛克的含义，但并不是说巴洛克珍珠出现在巴洛克艺术时期。传统意义上认为珍珠应是越大、越圆、越无瑕、光泽越好就越值钱，然而潮流在不停地改变，巴洛克珍珠被誉为美人鱼的眼泪流到胸间，这种独特、含蓄的光芒和夸张、大气的外形，具有自然美，受到了众多珠宝设计师的喜爱。

表 5-1 "巴洛克"的含义

不同语言中的"巴洛克"	寓意
葡萄牙语中"Barroco"	不圆的珍珠
意大利语中"Barroco"	奇特怪异形
法语中"Baroque"	凌乱

由于巴洛克珍珠天然的珍珠层结构和独一无二的外形特征，注定了它不能被切割改造，于是设计师在选用巴洛克珍珠进行设计时必须"量体裁衣"，依照每一颗巴洛克珍珠的外形来设计，如下图所示。

巴洛克珍珠设计思路

❷ 洛可可艺术风格

洛可可艺术风格于 18 世纪盛行，具有轻盈华丽、高贵典雅、细腻烦琐等特点。娇艳明快的颜色，如金色、粉绿色和粉红色等都是洛可可的常用色彩，图案以曲线形式的有机图案为主。绘画内容多以上流社会男女游山玩水享乐生活为艺术题材，大量裸体女性配以华丽繁复的装饰可以看出当时的美学已经开始脱离宗教题材，摆脱沉闷庄严的宗教气息。香奈儿的配饰设计就多以洛可可风格为主，各类流苏耳饰体现出细腻与精致，将装饰艺术风格的美感发挥得淋漓尽致。这一时期，珠宝开始以套装、一款多戴等 DIY（Do It Yourself，自己动手制作）形式出现。丹麦珠宝品牌潘多拉的串饰就是 DIY 珠宝的典型代表，它的设计让佩戴的首饰融入了各种情感互动体验，既具有时尚美感又具有一款多戴的巧妙心思，如右图所示。

潘多拉手串

❸ 新古典主义、浪漫主义和现实主义风格

新古典主义风格于 19 世纪被推崇，其艺术思想和形式不再只是注重人文主义那样简单，新古典主义开始注重逻辑和理性思维。继新古典主义之后，提倡"情感、想象和自然"的浪漫主义应运而生。浪漫主义风格的珠宝常用各种彩色宝石镶嵌成花鸟图案，展现出自然的美好。具有代表性的珠宝品牌如梵克雅宝，它的珠宝继承了法兰西民族的浪漫主义和完美主义精神，大多是根据童话故事进行设计的，有的是精灵的形象，有的是动物和植物的形象，将自然的花花草草表现得惟妙惟肖，仿佛用珠宝打造了一个神秘、璀璨的梦幻珠宝花园。到了 19 世纪中期，针对新古典主义和浪漫主义的现实主义诞生，艺术家们不再一味专注于缥缈的浪漫主义，将艺术创作回归于现实中。现实主义风格在艺术作品中逼真地再现了人们的生活，"以实为美"的理念直接影响了后来的印象主义。

❹ 维多利亚风格

维多利亚风格是 19 世纪英国维多利亚女王在位期间对中世纪风格推崇的延续，重新诠释了古典主义，形成了一种全新的艺术风格，这是国际珠宝设计史上浓墨重彩的一笔。因为维多利亚风格对所有样式的装饰元素进行拼凑组合，所以很难对维多利亚风格进行准确的划分。它将自然和装饰结合，用色大胆、艳丽，色彩对比强烈，黑、白、灰、褐色等与金色结合，彰显奢华与大气。细节处理虽烦琐，但空间分割十分精巧细腻、层次丰富、排列有序。这一时期的珠宝多以大块稀有彩色宝石（红宝石、蓝宝石、祖母绿等）和钻石作为主石。

心形、花朵和蛇形图案为该时期艺术创作的主要设计元素。维多利亚女王佩戴的订婚戒指就是蛇形，蛇元素象征着"永生与不朽"，蛇首尾相连又代表了"周而复始的爱情"。1940 年宝格丽将蛇形元素运用到珠宝与腕表设计中，表盘为蛇头形象、表带犹如蛇身缠绕在手腕，象征着围绕与始终如一的爱情。下图所示的是一件珐琅彩蛇形手镯。

宝格丽珐琅彩蛇形手镯

这一时期将"织纹雕金"技术再次复活，布契拉提把黄金当作蕾丝来编织与雕刻，工匠们就像织女一样编织着"黄金蕾丝"，从此宝格丽蛇形珠宝和布契拉提蕾丝珠宝成为珠宝历史上百年的光辉荣耀，在设计和技术方面创造出了无法超越的经典。同时"哀悼"和"纪念"主题珠宝在这一时期开始崭露头角，深色石榴石、玛瑙随之流行起来，进而出现了新的珠宝品类——"纪念品"，通过贝壳雕刻呈现出景点图案来纪念与铭记。

5.1.4 现代艺术时期装饰艺术及影响

与维多利亚华而不实的设计风格相对应的就是现代主义风格，现代主义风格不以叙述故事为主要目的，而是通过荒诞的故事情节揭露出社会与现实，其艺术表达形式很难让人理解作品画的是什么，表达的内容是什么。谈起现代设计，大部分人首先会想到德国的包豪斯，毫无疑问包豪斯思想对现代设计的影响极为深远，但是在历史上，现代设计的萌芽并不是20世纪初德国的包豪斯艺术，而是在19世纪后半叶英国开展的"工艺美术运动"。

现代设计的第一阶段是19世纪英国的"工艺美术运动"时期，代表人物是集设计师、诗人、社会活动家、工匠于一身的威廉·莫里斯。"工艺美术运动"的诞生是由于18世纪60年代英国出现第一次工业革命，出现机器替代手工业生产，流水线模式促使经济蓬勃发展，导致工业革命期间大规模生产兴起和手工业衰落，直接原因是1851年英国万国博览会上威廉·莫里斯看到当时博览会展出的商品都过于粗糙，并且没有一点现代设计的影子。莫里斯的艺术思想和社会实践影响了一批当时先进的设计师，他们共同开展了"工艺美术运动"，主张艺术家走进生活，提倡中世纪的纯朴装饰，传承手工艺，回归自然，在图案设计中更多地运用植物和动物花纹，反对维多利亚时期矫揉造作的装饰，主张设计的合理性。虽然"工艺美术运动"一改维多利亚时期以来的流行趋势，却被后世认为在思想上是倒退的，因为他们的意识形态是反工业，大力提倡恢复手工艺。许多人批评这种复杂的手工艺在现代工业化社会的实用性问题，但不可否认这场运动一直影响到今天。

威廉·莫里斯的图案设计《魔法森林花和鸟》

现代设计的第二阶段就是著名的德国包豪斯艺术时期。"包豪斯"是一个学院的名称，德国的包豪斯学院是世界上第一所现代设计学院，包豪斯一直以来都以培养像达·芬奇、米开朗琪罗这样集画家、雕刻家、设计师于一身的"全能造型艺术家"为目标。用理性科学的思想来代替浪漫主义，这使得现代设计逐步由理想主义走向现实主义，它的成立标志着现代设计教育的诞生。

包豪斯设计学院景观

提到包豪斯不得不提到亨利·凡·德·威尔德。他是德国现代主义运动的鼻祖，是包豪斯成立初期的创始人，在1902年威尔德在魏玛设立了一所具有实验性的"私人工艺美术讲习班"，这个讲习班就是包豪斯的前身。1919年4月，包豪斯新校正式成立，其中影响力比较大的是沃尔特·格罗皮乌斯和密斯·凡·德·罗。

沃尔特·格罗皮乌斯提出"人人都能享受设计"的思想，他对现代设计的主要贡献有 3 个：第一个是建筑上的柱承力结构，今天很多建筑随处可见各种承重的柱子；第二个是建筑上的玻璃幕墙结构，今天很多现代办公大厦外墙面都是这种透明的玻璃墙；第三个是"技术美学"，他认为结构暴露也可以作为审美的一部分，这是从在"玻璃幕墙"延伸出的概念，如机械手表透过表壳可以看到里面运转的机械零件，这些都是来自格罗皮乌斯的这种美学理念。

柱承力结构

密斯·凡·德·罗提出"少即是多"的观点，最本质的意思是要求去除一切多余的修饰，留下纯粹的骨架，如质地、颜色、重量、比例和轮廓，这影响了一代又一代的设计师。

密斯·凡·德·罗设计作品

♡ 小贴士

客观地说，包豪斯虽然只存在 14 年，但对世界的影响持续至今。它强调了设计的动机和目的应是为大众服务；强调了设计的科学性，设计的存在是为了"解决问题"；强调了艺工结合，艺术与工艺统一，设计师设计的产品要能够落地；强调了团队合作，提倡社会实践；强调了形式追随功能，同时艺术史与艺术理论要作为设计师的必修课。

新艺术运动是继"工艺美术运动"之后在 19 世纪末 20 世纪初诞生的一场艺术运动，恰逢工艺革命期间，这场运动以纯粹的艺术来表现对工业时代的反叛，强调自然风格与手工艺的结合。珠宝作品重点表现表面装饰和精致镶嵌，用彩色宝石的绚丽与奢华来营造自然景色的美好。该运动虽时间短暂，但是对之后的珠宝设计风格有很大的影响。

装饰艺术运动起源于巴黎。1925 年的国际装饰艺术与工业博览会主张理性，强调机械美、功能美、简洁实用，否定完全装饰的作用。这一时期的装饰以新的形式出现，让装饰融于结构中，以新的装饰风格代替旧的装饰风格，其艺术形式较多使用鲜红色、鲜黄色、鲜蓝色和橘红色等高纯度色，以及古铜色、金色、银色等金属色，再配以代表机械美学的几何线条造型，将"几何简约风格"推到极致。受其影响的代表品牌有蒂芙尼，蒂芙尼 T 系列的设计灵感来源于建筑，外形为字母 T，鲜明的垂直线条和棱角，将现代简约风演绎得淋漓尽致。在材料上，这一时期白金（铂金）的发现打开了珠宝界的新纪元，由于白金材质颜色的特性，镶嵌各种彩色宝石后仍然可以呈现出宝石原有的色彩，这使得珠宝设计在宝石的选择性上更广泛了，从而极大地推动了彩色宝石的使用。

不同运动的对比分析如表 5-2 所示。

表 5-2　工艺美术运动、新艺术运动和装饰艺术运动对比分析

运动	背景	思想	风格
工艺美术运动 （设计改良）	1. 厌倦了维多利亚时期的烦琐装饰 2. 受工业革命批量生产的影响而忽略了设计的重要性，进而引发的现实需求	1. 强调手工艺，反对机械化生产 2. 强调精致性，合理简单的设计 3. 反对矫揉造作和古典风格装饰	1. 借鉴自然风格 2. 借鉴东方装饰风格 3. 借鉴中世纪装饰风格
新艺术运动 （形式主义）	1. 传统审美和工业化发展相矛盾的产物 2. 最后的欧洲风格，在工业化进程中很快地被摒弃	带有明显的唯美主义色彩	1. 采用自由、流畅、夸张、富有生命力的线条 2. 采用抽象的动、植物纹样，如花茎、藤蔓、昆虫翅膀等
装饰艺术运动 （设计革新）	1. 与现代主义设计运动同时期并受其影响 2. 仍然是传统的装饰运动 3. 艺术家开始接受机械化和新材料	1. 否定自然中的直线与平面的存在，善于使用曲面和有机形态 2. 肯定机械生产，强调新技术、新材料的使用	1. 东方风格与西方风格结合 2. 手工艺与工业化结合

印象主义风格作为现代艺术的初期代表艺术风格之一，诞生于 19 世纪后期，以莫奈为代表。印象主义风格以现实为基础，突破传统题材、视角和构图而诞生的艺术流派。由于受到现代光学和色彩学的影响，印象主义画家摒弃了当时传统的历史和神话主题，开始倾向于还原"视觉真实"，尤其是对光和色彩的瞬间效果表现，重点表现日光下色彩的微妙变化。印象派作品的核心要求就是要快速抓住作品大的色彩关系。继印象派之后出现了以修拉和西涅克为代表的新印象主义，以及以凡·高、塞尚和高更为代表的更具幻想性的后印象主义。

◇ 小贴士

新印象主义即点彩画派，开创了"点彩法"绘画技法，绘画作品由各种彩点组成，引发了色彩学的空间混合法。

1905 年，"野兽派"强调形的单纯化和平面化，追求画面的装饰性；"表现主义"注重表现画家的主观精神和内在情感。

1908 年，以毕加索为代表的"立体派"挣脱了传统绘画的视觉规律和空间理念。

1909 年，"未来主义"强调表现物体的运动感。

后来出现了"超现实主义",艺术更加自由化,强调象征性和主题内容,而不是单纯的外形,表现梦境和幻境的奇幻景象,具有超越现实的艺术美感。

越现实主义作品示意

随着现代主义风格的发展,人们开始怀念古典美,时尚界开始掀起"复古风潮",珠宝商开始大量使用低含金量的 K 金和半宝石或合成宝石制作首饰,K 金首饰或其他非贵金属的合金首饰迅速风靡起来。

20 世纪 50 年代中期诞生了"波普艺术",如下图所示。这一时期还出现了对自由向往的"叛逆风潮",如表 5-3 所示。

波普艺术风格海报

表 5-3 "叛逆风潮"沿革

时间	风格	特点
20 世纪 50 年代(萌芽期)	披头族	代表了美国叛逆文化的开端
20 世纪 60 年代(发展期)	嬉皮士	一种反叛精神
20 世纪 70 年代(盛行期)	朋克	"朋克"精神在于破坏与重建
20 世纪 80 年代(转型期)	雅皮士	标志着曾经的反叛青年回归主流社会
20 世纪 90 年代(巅峰期)	摇滚	一种颓废的新时尚

20 世纪 60 年代，后现代主义风格诞生。后现代主义是对现代主义所推崇的社会进步和理想主义追求的反抗。后现代主义作品着力表现个人情感，而不是简单明了地表达抽象原则，大量采用历史艺术风格，拼凑组合达到全新的装饰效果。

后现代艺术装饰画

20 世纪 60 年代末，极简主义风格诞生，其设计理念是尽量摒弃与主体无关的细节，凸显核心元素，使其易于分辨。支持客观、纯粹的视觉元素，以极简的形式和非常真实、客观的方式为特征，剔除所有无用的装饰性元素，让核心元素一目了然。

现代极简装饰风格

20 世纪 70 年代，超写实主义风格诞生，它是对客观现实进行复刻，考察艺术家超强的写实绘画功底，极具真实感。

总体来看，从中世纪到巴洛克时期的装饰艺术主要形式还是以宗教题材为主，而洛可可时期到维多利亚时期多以世俗享乐题材为主，现代艺术及后现代艺术时期几乎已经看不出题材了。今天传统意义的装饰图案更像中世纪时期的绘画艺术，重点表现精神世界，人物比例可以失调、画面忽略透视关系、造型偏扁平化，但对比中世纪时期，又具有类似巴洛克、洛可可、维多利亚等时期的全装饰运动所具有的繁复美感，也会像文艺复兴乃至现代主义艺术作品所具有的哲学思想和情感流露。

♡ 小贴士

古董珠宝是指 20 世纪七八十年代及以前的饰品、首饰和珠宝，如下图所示的宝格丽古董珠宝。

宝格丽古董珠宝

5.2 珠宝与图案

5.2.1 图案设计概述

❶ 图案设计的含义

图案设计是通过感性思维加理性技法和独特的艺术风格,将现实物象进行艺术化表现。在进行图案设计时,不需要考虑事物的真实性与合理性,也不需要尊重现实透视关系、比例关系和光影规律等,但是图案的构图要和谐,背景填充要丰富饱满,空间层次需疏密有致,如下图所示。

原始素材

单独图案

> ◇ 小贴士
>
> 光影规律是在自然光或虚拟光源的影响下,物体会产生"五大调子",即高光、亮面、中间调子(灰面)、明暗交接线(亮面与暗面颜色最深的交界线)和反光。有光感才有体积感和质感,进而塑造出物体的真实感。

❷ 图案设计的核心

(1)重视个人情感融入

图案设计的艺术思想和风格手法可以从整个艺术发展历史中汲取灵感,从中寻找更为丰富的创作语言,既有写实绘画对客观事物的真实描写,又有现实主义对事物本质的探索思考,更有现代主义通过艺术作品传达出的深刻内涵与情感,从而引发出"图案设计如何创造意义"的终极思想和要求。

(2)重视理性技巧表达

精巧的构图可以透露出一种不动声色的力量,具有强烈的视觉冲击力。造型要从物体本质特征出发,采用简洁的形象与单纯的色彩,用笔细腻、手法严谨,给人以美的感受。

❸ 图案的基本构成

图案的造型要从物体的本质特征出发，这就和图形的本质特征有异曲同工之处，因此掌握图形设计的技巧是图案设计的基础。图形作为设计的基础"载体"之一，以简洁的符号化外形和色彩作为表达设计思想的语言，使信息快速传递，直接有力、生动形象、易于识别与记忆，它不受文字、语言和国界的限制。将具体事物转化为图形时需抓住事物的典型特征，比如西红柿、橘子和苹果等在外形上都是近似圆形，却各有不同。在设计时需要抓住它们各自的特征来加以区分并突出表现，如下图所示。

实物 　　　　　　　　　　　　　　　　图形

◇ 小贴士

矢量图形具有几何性质，由很多点、线、面构成，可以被重组编辑，放大不会失真、不会出现马赛克现象。图形和图案除了手绘外，还可以使用 Adobe Illustrator 和 CorelDRAW 绘图软件来制作矢量文件。

常见的图形类型如表 5-4 所示。

表 5-4　常见的图形类型

图形类型	特点	示意图
图像图形	如肖像	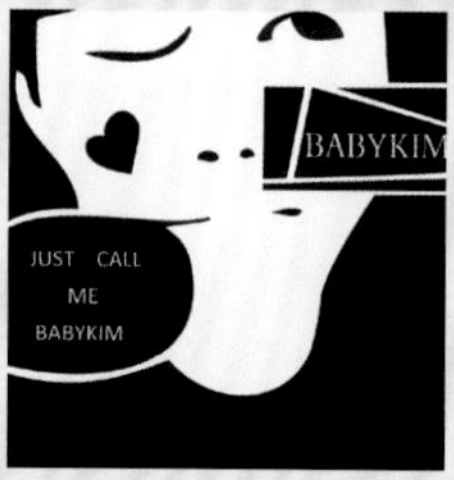
指示图形	如路标	
象征图形	约定俗成的共识，如圆形代表圆满	

图形、图案和图像的区别如表 5-5 所示。

表 5-5 图形、图案和图像的区别

类别	特点	作用	示意图
图形	表达简洁有力，单一点线面	传递信息	
图案	运用多种技法，繁复多样化	艺术装饰	
图像	现实事物真实再现，重虚实空间	记忆留存	

5.2.2 图案设计类型及手法

❶ 图案设计的类型

图案设计按形式可以分为单独图案、适合图案、连续图案、黑白图案、综合图案和彩色图案；按题材可以分为时尚简约的现代题材和繁复带有吉祥寓意的传统题材两大类，如表 5-6 所示。本书对图案设计类型的介绍以中国传统文化图案为例，进行示意图展示。

表 5-6 图案设计的类型

分类方式	样式	特点	示意图
按形式分	单独图案	单位基本纹样元素，是构成适合图案、连续图案、综合图案的基础部分	
	适合图案	在固定轮廓（圆形、方形和三角形等形状）里进行设计填充的图案	

分类方式	样式		特点	示意图
按形式分	连续图案		由一个或几个单位纹样有规律地连续排布，从而组成的大面积重复性图案	
	黑白图案		由单一颜色点、线、面构成的图案，这里的"黑白"是指单一的色彩关系，并不局限于黑色和白色，可以是单一的红色或单一的绿色等单色构成的图案	
	综合图案		将单独图案、适合图案、连续图案中的几种纹样综合在一起构成的大面积重复性图案	
	彩色图案		由多种颜色点、线、面构成的图案	
按题材分	现代题材		时尚简约	
	传统题材	植物题材	传统题材中多以"吉祥图案"为主，具有一定的文化内涵，吉祥图案是指以象征、谐音等手法组成的具有一定吉祥寓意的装饰纹样	
		动物题材		
		风景题材		
		人物题材		

❷ 图案设计的手法

图案和素描画法不同，图案带有很强的主观性，强调"二次创作"，其核心是"变化与创造"。图案设计是将现实事物高度归纳概括并加以提炼，利用夸张、抽象、想象等手法进行变化，用线肯定，其组成元素间需要具有节奏感和故事性，每个局部细节（点、线、面）都清晰可见，具有很强的装饰性和象征性，图案设计的手法如表 5-7 和表 5-8 所示。

表 5-7　图案设计的手法（形式构成）

设计手法	特点
创新构图	常见构图方法有分割构图、自由构图、重复构图、渐变构图和发射构图等
归纳概括	抓住物象的本质特征（主形象和主色调）进行高度概括、提炼，保留主要艺术形象及色彩，去掉可有可无的部分，使其更具有典型的个性特征
添加组合	画面空又无东西添加时，可通过重复、叠压、透叠、渐变等排列方式把和主体相关的元素利用形式美法则组合在一起，不影响主体思想，只丰富画面层次
夸张变形	有目的性地对画面中一些重要部位进行夸张和变形，更进一步强调对象的典型特征，使其特点更明显，更具有艺术性
运动透视	以渐变处理手法为主，表现物体的运动轨迹、生长变化过程，具有一定的节奏感和韵律感
解构重组	把一个画面分割打散后，将各部分通过放大、缩小、叠压、渐变、错位等方式处理后再重新组合在一起，创作出全新视觉画面的艺术手法

表 5-8　图案设计的手法（文化内涵）

设计手法	特点
象征法	常见象征吉祥的传统元素有"福、禄、寿、喜、财"和象征权贵的"龙、凤、牡丹"以及代表品节的"梅、兰、竹、菊、莲"等
谐音法	汉语中一个读音往往对应多个汉字，因此用同音或近音字来代替原字，达到一个词或一句话关联到两个或多个含义，如"蝠"同"福"，表"福气"；"葫芦"同"福禄"，表福运俸禄
组词法	人们常常喜欢将带有吉祥寓意的字词组合在一起，如"福字＋音字＝福音"，那么一个刻有福字的铃铛就代表着"福音"的含义或按照吉祥成语表面的字意用对应的吉祥纹样拼凑成一组吉祥图案，常见的有"福寿双全""福禄长久""五福临门""四季平安""花开富贵""金玉满堂""龙凤呈祥"等 "蝠"与"福"同音 寿 连续(黑白)图案 五只蝙蝠围绕寿字，表示福运与长寿

5.2.3 图案艺术的应用

用"玫瑰花"作为主题,进行图案与珠宝设计的
转化创作。先对原始素材进行"归纳概括",再进行
"添加组合"和"夸张变形",如下图所示。

创作素材

耳饰

项链

顶视图　　　　　正视图　　　　　侧视图

戒指三视图

手镯展开图

♦ 小贴士

对于带有花纹并且结构简单的手镯,在绘制设计图时,通常只需画出展开图即可。手镯的展开图在
A4 纸横向方向上画不下,如果是二方连续图案,只画出一部分即可,如果不是二方连续图案,可将手
镯展开图沿 A4 纸对角线方向斜向绘制。

5.3 珠宝与字体

5.3.1 字体设计含义及要点

❶ 字体设计的含义

字体设计是利用文字本身的形态和含义通过形式美法则、创意手法等在字形表面进行的调整与装饰设计，赋予其新的含义，并使其外形更美观，信息传达更精准。汉字的起源与发展为进行字体设计提供了丰富的灵感和依据，在进行字体设计时，我们应充分发挥汉字的各种特点。文字的发展与特点如表5-9所示。

表 5-9　文字的发展

文字的介绍		特点
文字的产生		为了思想交流、保存记忆
文字的构成	象形字	由图形演变而来，易于理解
	指示字	兼具象形和会意，如"福"字，有衣服、有一口人、有田地就是古人理解的幸福
	会意字	组合多个字产生新的含义，如"口"和"鸟"组合成"鸣"，表示鸟叫的声音
	形声字	由表意的形旁和表音的声旁组合，知道"直"则很快就能读出"植"
字体的发展"汉字七体"	甲骨文	原始社会出现在陶器、甲骨、玉器、石器等上面的刻画符号，即文字的早期雏形
	金　文	商周时期铸刻在青铜器上的字体
	篆　书	西周后期摆脱了早期的图画形式，奠定了汉字为"方块字"的基础
	隶　书	秦朝时期出现，作为古今汉字的分界，隶书以前的汉字为古汉字，隶书以后的汉字为今汉字
	草　书	艺术风格字体，艺术价值远远超越了它的实用性
	楷　书	汉代时期隶书与草书结合，手写版正体字
	行　书	东汉末年出现的介于楷书和草书之间的字体
印刷体	宋　体	宋代出现的没有手写痕迹、用于批量印刷的字体

❷ 字体设计的要点

字体设计的要点，如表5-10所示。

表 5-10　字体设计的要点

设计要点	说明
设计依据	文字的内涵（即思想），文字的字数
设计原则	视觉（基础）：主题思想尽可能体现在文字的外形上，字体变化后仍具有识别性，不能因过度变化而不能识别
	风格（深化）：字体变化要具有形式美感和艺术风格
	思想（灵魂）：外形多为内涵服务，突出主题

设计要点	说明
基本步骤	1. 了解文字思想内涵与外形条件后进行发散构思并绘制草图
	2. 对字形进行高度提炼和归纳，并运用多种形式美或创意设计手法加以表现，具体步骤：作辅助线、起稿、调整、装饰和上色
基本手法	立体设计：把字体用三维立体效果表现出来，增加视觉冲击力和厚重感
	错位设计：把字体有方向性地进行分割、移动位置，增加视觉冲击力和动感
	减缺设计：根据文字的含义保留主要结构特征，减去可有可无的笔画，达到"笔断而意连"的效果
	共用设计：共用是寻找笔画间的内在联系和共用的条件，使其精简、独特，有时可以达到一语双关的艺术效果
	互衬设计：笔画和笔画相压或相互穿插的处理手法，能塑造层次，具有一定的设计感
基本风格	硬朗风格：猛烈、坚实、厚重，表现张扬有力，常用于表现凝聚力和号召力等主题，视觉冲击力强
	柔美风格：优雅、温和、飘逸，表现细腻，常用于表现情感主题、女性主题和公益主题等

字体设计的基本手法如下图所示。

原字体

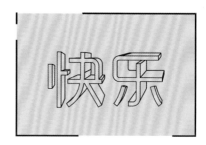

立体设计

错位设计

减缺设计

共用设计

互衬设计

字体设计的形意关联法如下所示。

　　"形意关联"是根据文字本身的含义、外形特征添加相应的纹样、图案或肌理，使字形更加丰富和美观，或对其进行相关创意联想与想象。常用的方法是将文字笔画进行增减、加大、缩小、变粗、变细、拉直和弯曲等，从而直接或间接地传达出文字的深层含义，要保持风格协调统一。

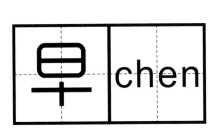

听到"时间"就会联想到"钟表、日月"等

听到"鲜果"就会联想到"馋嘴、水果"等

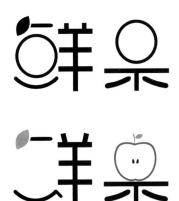

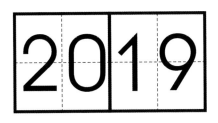

听到"春节"就会联想到"福字、灯笼"等

运用形意关联法设计字体

5.3.2 字体艺术的应用

在珠宝设计中,字体设计常用于一体链设计,如字母链、数字链、汉字链设计,多数情况下为客定(私人定制)设计,表现客户的名字、生日、纪念日居多,为了美观,常用"花体"字体进行设计。

下面为3款定制作品。客户名字的汉语拼音为"JINDI",客户送给女友的数字链"1314"寓意"一生一世",客户新年为自己定制的鸿运"福"字链。

进行字体设计的时候需要考虑工艺问题,如果是纯金、银材质,那么很多花体字笔画不能太细,需要对字形进行加粗处理,过于纤细的线条在做成实物时有可能会断裂或变形;如果是18K金材质,一般不会出现产品金属线条断裂或变形等问题。

细节展示

字母"JINDI"一体链

细节展示

数字"1314"一体链

细节展示

汉字"福"一体链

第6章

珠宝创新艺术

本章对创新思维和创意手法进行了详细的阐述，并分别结合夜光珠宝、DIY 珠宝和趣味珠宝 3 个案例对创新思维在珠宝设计中的具体应用进行了详细讲解，此外还介绍了创新思维在珠宝包装设计中的相关应用。

6.1 设计与创新 | 6.2 珠宝与创新 | 6.3 包装与创新

6.1 设计与创新

创新是指产品形式、性能、工艺结构、运行模式、管理服务和营销推广等摆脱传统固有的思维模式的限制，创新意味着改变、推陈出新、研究未知和不断试错，将不同的意见和想法进行汇总，将不可能变成可能，作品要超越客户的期望，做客户想不到的。"设"是设想、构思、策划，"计"是计算，"创新"需要前期进行大量的调研，因此"创新设计"是大数据、想象力和运算力的聚合。

产品创新需要针对以往产品的问题，站在客户的角度并根据客户的真实需求研究新的主题，使用全新的思维研发新产品。创新的基础是"借鉴"，通过将其他品牌的案例借鉴到自己的产品设计中，进行"类比"创新。将自己所在领域没有的，但其他领域已经有的技术、模式和形式合理地应用到自己所在行业中，并很好地进行融合，这就是"跨界"设计。

当一个创新的想法被提出时，往往会招来批评和指责，多数人会认为"不可能实现或成功"，因为这些人还在保持传统教育中的"严谨的惯性逻辑思维"，这种"严谨的惯性逻辑思维"会限制和阻碍创新思维。创新本来就是打破传统，突破"不可能"。

那么，如何具有创新思维呢？通常情况下，不具有创新思维的人看到一个物体会本能地按惯性思维客观地说出这是什么物体，而具有创新思维的人看到一个物体会发出很多"设问"，会从不同角度对其进行联想和想象，天马行空地疯狂"胡思乱想"。例如，看到灯泡时你的第一反应是什么？相信不同的人会有不同的想法，好的创意点就是要尽情畅想。

灯泡

下图是一组插画作品，它在讲述什么故事？做设计的人一定要会讲故事，更要会"看图说话"，因为未来你的每一件作品都要讲述出它背后的故事，也就是作品的设计说明。一个有趣的故事作为作品的情感支撑，会让作品具有打动人心的艺术魅力，现实中很多设计作品都是在灵感乍现的一瞬间偶然得到的，而设计说明如果是在有了作品之后补充写作的，那么就要考验你"看图说话"的能力了。

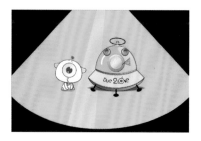

插画作品

6.1.1 创新思维

"创新思维"是创作中的"想法"，创新需要有创意，而创意本身是一种有思想和有创造性的艺术行为，并非简单地利用绘画技巧临摹。在进行设计创作的时候设计者需要将作品融入"思想"，让作品看起来不"简单"，赋予作品更深层次的内涵。左脑思维与右脑思维的特点，如表 6-1 所示。关于右脑思维的具体介绍，如表 6-2 所示。

表 6-1 左脑思维与右脑思维的特点

思维方式	特点
左脑思维	倾向于语言、文字、运算等逻辑思维
右脑思维	倾向于图形、图像、抽象等艺术思维

表 6-2 右脑思维

思维方式		特点	示意图
创意联想思维		利用近似物的处理方法变换不同形状、质感、肌理、颜色和形象，联想是想象的起点，可以引发无数的想象	鸽子　写信　信息　手机　音乐
创意想象思维	特定形象的想象——看到人、动物或其他事物、形象而引发的想象	让不存在或不可能的事情变得合乎情理，如现实中的"超现实"	他会做什么？
	特定形色的想象——看到某一特定形体或颜色而引发的想象		这是什么？
	特定空间的想象——看到某一特定空间而引发的想象		里面有什么？

6.1.2 创意手法

设计是行动而不是空想，思想是设计的出发点，手法是设计的表达形式。设计思维往往都是发散的设想，设计者需要将这些发散的设想进行整合、提炼和创造，并利用设计手法将其合理地表现出来。常见的创意手法主要是同构手法，同构是指两个及以上的形象进行组合，利用事物之间的某种联系，将其巧妙地结合在一起，同构后的形象要给人耳目一新的感觉并能够表达出全新的含义。创意手法中除了同构以外，还有减缺、夸张、突出、直接、错视、以小见大、比喻、拟人和特异等，如表6-3所示。

表6-3 创意手法

手法	特点	示意图
减缺	依赖视觉经验，将图形简化掉一部分后仍能充分体现出其主要特征，并利用这种不完整性来表达作品想要突出的特点或思想	
夸张	为表达特定的含义，对事物整体形象或局部特征进行夸大强调	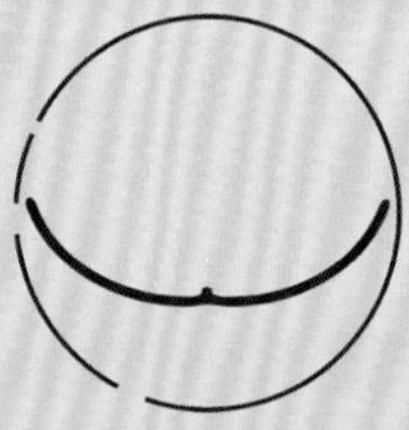
突出	抓住作品本身最想要表现的特征，并将其加以强化，重点表现	
直接	表意开门见山，直接展现作品本身最容易打动人心的地方	
错视	错视是一种视觉错误，巧用这种"视觉错误"可以创造出与众不同的奇幻设计	
以小见大	为表达特定的含义，虚拟构造出一种"小人国"的独特视角，聚焦画面描写的焦点	

手法	特点	示意图
比喻	利用不同事物的相似点，"借题发挥"延伸内涵，借此物喻彼物	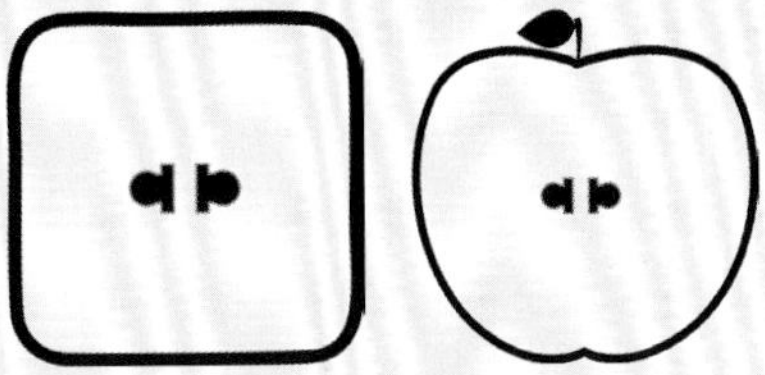
拟人	赋予事物以人的情感色彩，把原本平淡的事物表现得有血、有肉、有思想。值得注意的是，不要误以为给物体单纯加上鼻子、眼睛、嘴或画上胳膊、腿等人的特征，就叫作拟人设计	
特异	在整体一样的集体中出现个别不同的个例，故意打破固有的秩序叫作特异，这种带有特例的图形就是特异图形	
异影同构	作品通过影子的形状来表达深刻的含义，主体一般只是主题的表象，影子才是主题的深层思想所在，设计中的影子可以不再追求真实性	
置换同构	将不同事物"嫁接"到一起，寻求形与意之间的关联性，组合成一种具有新意的新视觉形象，如狮身人面像	
共生同构	共生即正负形，图为正形，镂空底为负形，正形和负形都能传递作品的内涵	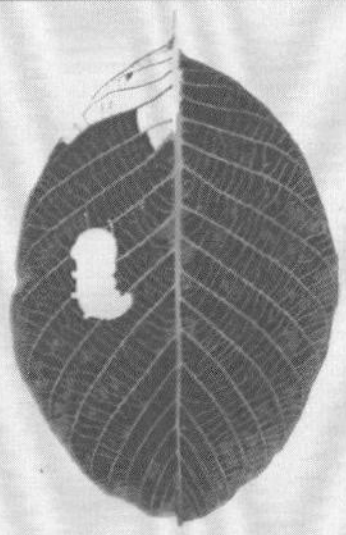

对设计需要有 4 个"创新"要求，具体如下。

（1）视角创新："创新"字面意思为"创造新意"，创新视角应选不常见或常见不易被发现的事物或事物的角度作为载体，贴近生活，其方法是"旧元素新组合"寻找最巧妙的组合方式，即对自然物象的重新构成和诠释。

（2）形式创新：设计和临摹的区别在于认识事物的角度和处理的方法不同，设计并非是简单的重复，它具有独特性，以"形"表"意"，与传统"现实再现"的临摹方式完全不同。

（3）思维创新：设计者应具有较高的观察力、概括力和创造力，看到某一事物后能马上联想到更多事物。

（4）内涵创新：作品能引起情感上的共鸣和互动，要么感同身受，要么博人一笑。

6.2 珠宝与创新

常见的珠宝创新设计有温敏效应珠宝设计、智能珠宝设计、香味珠宝设计、夜光珠宝设计和具有一款多戴功能的 DIY 珠宝设计。

温敏效应珠宝设计是指在珠宝表面涂上一层温敏材料，随着温度的变化，珠宝表面的颜色也会发生改变。例如，夏季佩戴粉色吊坠，当外界温度升高并伴随着紫外线照射时，吊坠上的粉色会慢慢变成红色。

智能珠宝设计是将智能电子元件植入珠宝里面，也可以简单地理解为在电子元件的表面覆盖一层珠宝装饰外壳，让珠宝产品和电子产品合二为一。例如，一个吊坠具备录音笔的功能，一只耳环具备无线耳机的功能，一只手镯具备可视对讲的功能，一枚戒指具备定位的功能等。

香味珠宝是指通过在金属分子中融入香味分子让金属短时间内具有一定香气的方式，也可以是一件首饰通过打开的方式让其内部装有香味材料，利用四周的孔洞向外界散发香气的方式来实现珠宝带有香味的功能。

下面以夜光珠宝、DIY 珠宝和趣味珠宝为例来介绍创新珠宝设计。

6.2.1 创新珠宝设计案例——夜光珠宝

夜光是指物体在夜晚的发光现象，如萤火虫、夜明珠和荧光粉等发出的光，夜光效果如右图所示。

夜光效果

首饰设计中常用的发光材料是荧光粉，相应的设计如下图所示。

荧光耳饰

荧光项链

6.2.2 创新珠宝设计案例——DIY 珠宝

DIY 是"Do It Yourself"的英文缩写，含义是"自己动手制作"，首饰设计中的 DIY 是指佩戴者利用已有的首饰配件并根据自己的心情、喜好进行自由组合与搭配。下图是可以叠加组合佩戴的戒指效果图，根据心情和着装可以将戒指进行自由组合、搭配，以满足自己的多变风格和喜好需求。

多色彩宝戒指　　　　　　　　　　　　单色钻石戒指

下面让我们一起来了解 DIY 首饰设计中的拆分、组合及多功能首饰设计的具体案例，如下图所示。

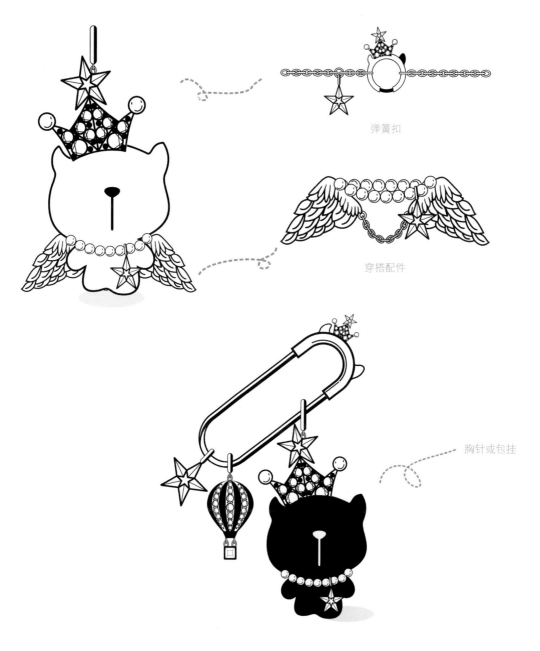

拆分和组合

弹簧扣

穿搭配件

胸针或包挂

DIY 珠宝（一）

耳钉

耳坠

组合款式 A　　　　　　　　　　　组合款式 B

DIY 珠宝（二）

腕饰

项链

DIY 珠宝（三）

下图所示的是一个可以开合的吊坠，里面可以放硬币，正面镶嵌一圈圆钻，背面有瓜子扣和胸针配件，既可以当作吊坠又可以当作胸针。

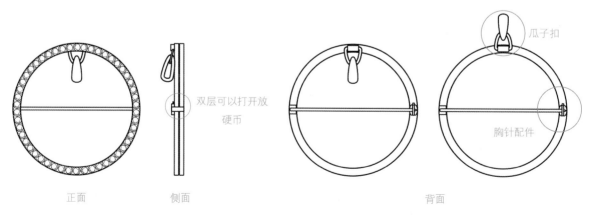

正面　　　　侧面　　　　　　　　　　　　背面

双层可以打开放硬币

瓜子扣

胸针配件

一款多戴结构的首饰

一款多戴结构的吊坠除了具备胸针功能，还可以具备戒指功能。右图所示的是一枚戒托可以拆卸的戒指的效果图。正面镶嵌红宝石和钻石，背面有瓜子扣、胸针配件、戒托滑道，既可以当作吊坠又可以当作胸针和戒指。

效果图

该吊坠的工艺图如右所示。

正面

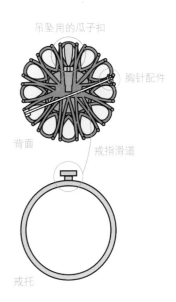

工艺图

6.2.3 创新珠宝设计案例——趣味珠宝

趣味珠宝是通过一些创意手法，如夸张、错视、以小见大、比喻、拟人、特异、同构等来完成珠宝创意设计，可以在设计的图案上体现，也可以通过特殊工艺结构来体现。右图所示的是通过珍珠镶嵌在特殊位置来使珠宝作品具有趣味性，巧妙的镶嵌位置让作品整体形象好像是抱着球一样俏皮可爱。

趣味珠宝

6.3 包装与创新

如今产品的销售形式已从传统单一的推荐模式发展为多样化自选模式，进而包装也成为商业营销中的一部分，因此不能忽视包装设计。传统的包装设计仅考虑对产品的储运、保护和展示等功能，但随着人们生活水平的提高，珠宝及奢侈品的包装趋向复杂化，看起来既豪华又具有"仪式感"。

除了奢华包装以外，创新包装设计也应运而生。创新包装作为产品的延伸，是品牌文化传递的载体，是产品的一部分，它可以增加产品的利润，提高产品价格，也就是所谓的增加产品"附加值"，同时更容易被顾客接受。常见的创新包装形式一般会附加实用功能（如储蓄罐、化妆盒和音乐盒等），如下图所示。

创新化妆盒包装　　　　　　　创新仙人掌包装　　　　　　　创新水晶球包装

传统首饰包装

创新包装设计

6.3.1 创新包装与案例作品

　　珠宝的包装设计从造型角度来考虑，包括独具匠心的形态设计、合理的结构规划和适宜的大小，这些设计合理后有利于未来的储运和陈列。而精美的装饰图案、舒服的主题配色、新颖的文字布局和适当的肌理效果等艺术形式可以突出产品的特点和品牌文化。从生产角度来考虑，结合产品本身的风格和成本预算来选用适合的材料和制作工艺，材料与工艺会直接影响包装的品质，其核心要求是挖掘内在文化并通过设计语言进行表达，使包装具有无穷张力。此外，还要考虑包装的环保与可持续性发展问题，比如包装的二次利用就是最简单的可持续性发展的例子。

　　下面以一组时尚清新风创新包装为例来解读时尚轻奢与实用创新是如何"同构"的。该系列包装设计以品牌吉祥物和辅助潮流元素为主视觉形象，搭配出 4 组流行色包装，如下图所示。

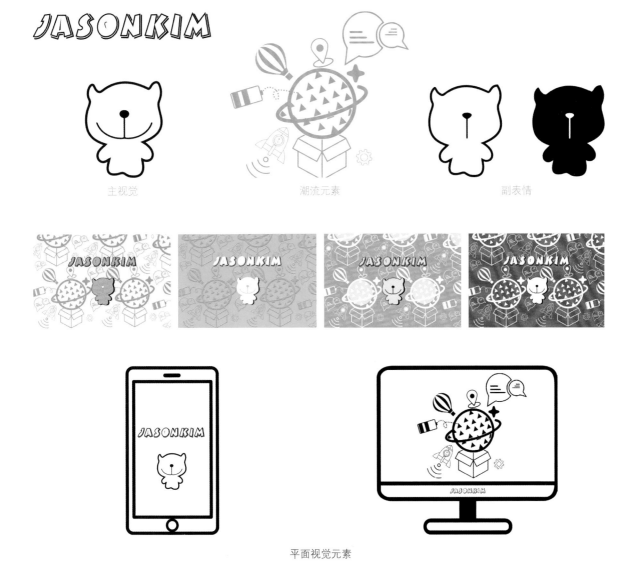

平面视觉元素

　　该系列包装以金属拉链皮盒、吉祥物玩偶绒布袋和丝带手提袋为主，搭配个性、时尚、张扬的配色和巧妙新颖的结构设计让包装具有可以被二次利用的功能。皮盒并非传统的内插式，内部空间足够大，可以作为首饰收纳盒使用，而吉祥物玩偶绒布袋既好玩又能防止首饰受损，如下页图所示。

首饰盒、绒布袋效果图

手提袋效果图

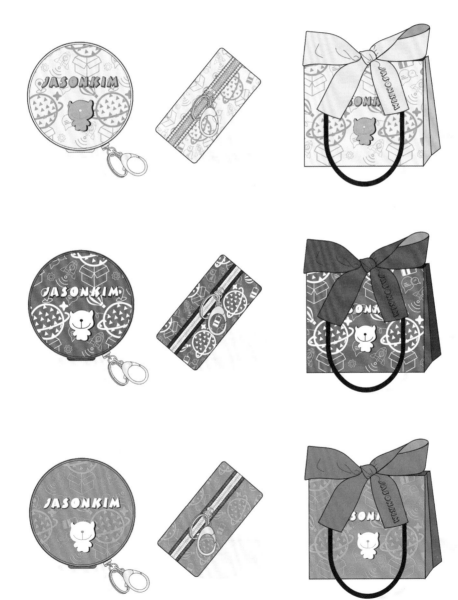

多色包装效果图

小贴士

标签是珠宝产品包装的一部分，大多数是以挂牌的形式挂在珠宝首饰上，业内称它为“牌仔”，上面一般都印有品牌商标、产品材质、成色、质量、等级和质检报告编码等基本信息。

6.3.2 创新包装与可持续发展

创新包装应多选用新工艺、新材料进行设计，从可持续发展的角度仍需遵循以下几个原则。

（1）优先选用可回收、可再生、可食用、可降解和天然生态的包装材料。

（2）包装尽量可以重复使用，而不只是包装材料可以回收再利用。

（3）包装设计时尽量做系列化的包装外形，避免出现库存问题。当所有产品的包装都选用同一款均码包装盒的时候，就不需要为每一款产品都加工生产包装盒了，这样可避免出现一些款式卖得好的产品的包装盒不足而有些卖得不好的产品的包装盒出现大量存货等问题。

小贴士

外包装与提示性标语

运输珠宝时，外包装箱根据货品类型需印刷以下提示性标语。

Guard Against Damp（防潮）

Keep Flat（需平放）

No Dumping（切勿投掷）

Do Not Crush（切勿挤压）

Handle With Care（小心轻放）

Fragile（易碎物品）

Keep Dry（保持干燥）

Do Not Drop （切勿跌落）

Stow Away From Heat （切勿受热）

Open Here （此处打开）

This Side Up （此端向上）

第 7 章

珠宝情感艺术

本章介绍了珠宝设计与情感的关系，以思念、祈盼、爱情为设计主题进行情感珠宝案例分析。通过讲解文案在珠宝首饰宣传方面的作用，进一步说明珠宝设计中情感的作用和表达方式。

7.1 珠宝与情感 │ 7.2 珠宝与主题案例 │ 7.3 珠宝与文案

7.1 珠宝与情感

7.1.1 珠宝设计与情感的关系

伴随着物质生活水平的快速提高和快节奏的都市生活所带来的工作压力与生活烦恼，在现代"钢筋水泥"中人们对情感的渴望可以说是愈发强烈，情感的稀缺已成为当下社会面临的问题之一。今天人们佩戴珠宝不再只是为了装饰与美化那样简单，更需要的是一份精神和情感上的寄托，带有强烈情感的珠宝已成为都市快节奏人群的一种"奢侈品"。

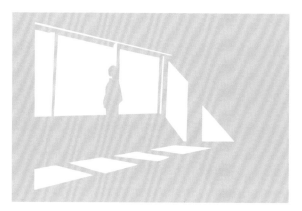

情感的向往示意

其实每件珠宝设计作品中都会含有特定的情感，即便是简单的商款珠宝也一样，只是情感蕴含的多与少罢了。有些表达得含蓄而有些则表达得强烈，强烈情感表达的背后往往会隐藏着设计者的一个故事乃至一段深深的记忆。

情感的表达示意

利用情感化创造出的珠宝，其形象表达可以是纯真的童话之美，也可以是自然的淳朴之美，或是悲伤思念的感伤之美。表达寓形于意，托物传情，将内心情感通过珠宝传递出来，给人以无穷的想象空间。作品用强烈的"情感"作为支撑，一切都让"情感"自己去解释，去讲述，只有这样的作品才有可以打动人心的魅力。

❶ 生活中常见的情感表达

生活中处处都有情感的影子，只是有时我们忽略了它们的存在。情感有时会在细微中闪烁，有时会传达得轰轰烈烈，而创作是需要剥开生活的表层，直击动人心弦的灵魂深处，让情感去展示你的创作思想。右图中复古格调配上"回家"二字和餐饮标识，可以让人有一种"家"的眷恋和憧憬，感受到温馨和亲切。

生活中常见的情感表达方式示意

有时情感的流露会很隐晦，不那么直白，却有着让人感同身受的艺术魅力。右图中洁白的沙发上放置着毛绒玩具，可以使人感受到主人内心的孤独与安静。

孤独与安静示意

❷ 同一情感不同表达方式

同样是表达人内心的孤独感，不同的表达方式对于情感传达的强烈程度也会不同。

孤独感的不同表达方式示意

7.1.2 珠宝设计中的情感融入

情感元素作为珠宝设计的核心部分，支撑起整件作品的艺术表现力，这已经成为当下珠宝设计的一种发展趋势，让作品融入"人类情感"，有温度、有故事、有情感、有灵魂。

带有情感化的珠宝具有可以与观赏者产生情感共鸣的独特魅力，让观赏者得到精神上的放松与情感上的寄托，将珠宝的内部情感利用具体形态直观地表现出来，而不是以其表面的华丽装饰来取代产品本身特有的内在品质。这样的珠宝才会更具生命的气息和艺术的感染力，拥有作品独特的"情绪"和"表情"，可以使单调的珠宝作品变得"有血有肉"，更容易打动人心，如右图所示。

带有情感与表情的耳饰

① 珠宝设计中情感融入的方法

　　艺术作品的创作都会带有个人主观情感，如果对生活没有细微的观察则其艺术表现形式会是空洞的、没有感染力的，这就要求设计者平时要对生活有细微的观察和感受。艺术家奥古斯特·罗丹曾说过："美是到处都有的，不是缺少美而是缺少发现美的眼睛。"合理地选用巧妙的故事性情节，配以良好的表现形式，在人们最常见却又最不易发现的角落中发掘灵感，在复杂的现实生活中发掘出最纯粹的东西，还原生活的本质，并将这种"纯粹的美好"放大、突出、合理表现，从而引起观赏者情感上的共鸣。

 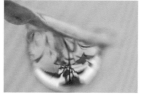  

自然形成　　　　　　　　　　　　　　　　　　人为构成

洞察生活细微之处和特殊视角的艺术

② 珠宝设计中情感融入的形式

　　从原始社会开始，配饰就已经作为情感化的寄托。当时生产力低下，生存环境严峻，人们总要和自然做斗争才能生存，于是他们把鸟的羽毛或野兽的牙齿佩戴在身上，一方面是为了美观，另一方面是希望带上羽毛之后就可以拥有鸟类飞翔的能力，佩戴野兽牙齿就能具有撕咬的能力。有些是传递出积极向上想要战胜自然的情感，而有些是传递出悲伤、怀念和伤感的情感，比如西方维多利亚时期出现了一种悼念性首饰，传达出活着的人对逝者的深深悼念之情，设计风格平静而唯美。

7.1.3　珠宝设计中的情感体现

　　珠宝设计是融入爱与灵魂的过程，为冰冷的金属与宝石注入一股有生命力的情感，赋予珠宝设计作品以灵魂。珠宝作品不仅从造型、色彩、肌理和材料等方面给人以美的感受，还会从设计的理念和情感等方面反映出设计者对人生的感悟，对生活的思考和对自我的反思。要想创作出打动人心的艺术作品就需要具有丰富的想象力，以及对戏剧性场景、情节、人物的塑造力和对情感的揣摩与分析能力。

戏剧性情景示意

情感传递的核心是选择独特的角度引人深思，用"造型"讲述故事，阐释内心的独白。下图所示的是用月亮、星星、绽放的烟火、旋转木马和耀眼的灯球烘托出梦幻童话般美妙的世界，传递出幸福、童真和快乐的情感世界，让人陶醉其中、浮想联翩。

AB 款耳饰

❶ 珠宝造型艺术的情感体现

　　无论是具象的自然形态设计还是抽象的立体几何形态设计，不同的艺术造型都会带来不同的情感表现。

　　莱俪（Lalique）是一个具有新艺术时期风格的品牌，它的设计师利用解构的设计手法将独特情感运用到珠宝设计作品中。"蜻蜓女人"胸针这件作品运用精致的工艺将新艺术时期唯美的艺术风格完美表现，将半透明状的蜻蜓翅膀和绿玉髓雕刻的女性身体造型非常自然地结合在一起，鹰爪设计进行了放大和夸张处理，传递出强大的力量感，让人产生广阔的想象，该作品将艺术与现实融合在一起。

◇ 小贴士

　　该作品有意识地将翅膀上的纹理即肌理进行有序地破损性排列，让作品整体感觉更加生动、透气，具有艺术性和耐人寻味的思想内涵。因此我们可以知道，设计首饰时不一定都要千篇一律地进行抛光处理，有时一些粗糙痕迹或破损肌理都可以给作品增加特定的情感。

"蜻蜓女人"胸针

❷ 珠宝色彩艺术的情感传递

色彩不仅赋予形态视觉上的美感，还可以传递出内心情感，引发出特定的色彩情绪，比如凡·高的作品中包含着深刻的"悲剧意识"。色彩的情感传递在许多方面同音乐很相似，比如色彩明暗对比的强烈与柔和就好像音乐的激昂与低沉。在珠宝设计中，色彩的处理原则是既要有对比又要有调和，在对比与调和中将作品的抽象情绪展现出来。

❸ 珠宝质地肌理的情感表现

珠宝作为一个传达情感的产品，通过运用不同质地和肌理设计可以达到震撼人心的视觉效果，并能够更好地表现出所要表达的情感。在形式处理的过程中，适当的肌理运用会成为浓墨重彩的点睛之笔。

不同质感和肌理会给人带来不同的心理暗示，产生不同的情感连锁反应。例如，粗糙、冰冷、无光泽的表面会给人笨重、原始的感觉，平滑、柔和、光泽的表面则会令人感到亲近、舒适，想要触摸。肌理可以从视觉和触觉上来丰富造型，让形态不再单调。右图中的祖母绿表面如果是大面积的平面会让人感到很"空"，增添了一些花纹肌理后就会让人感到很丰富，这里的"丰富"其实就是内心情感的满足感，从而加强了珠宝作品情感的流露，让作品更有看点。

首饰的肌理与情感表现

7.2 珠宝与主题案例

通过上面的讲解可以了解到通过珠宝的情感化设计能够传递和抒发各种人类情感，用情感来抒发作品的内涵是珠宝艺术创作的核心所在。下面通过几种关于情感主题的珠宝设计案例，进一步讲解珠宝与情感之间千丝万缕、不可分割的联系。

7.2.1 "思念"主题案例

对于情感的表达，最常见的就是思念之情，这种思念可以是亲情、爱情或友情。思念的表达往往通过首饰作品"借物传情"，表达出无限思绪。

如果想要表达思念与铭记之情，最常用的手法就是将照片佩戴在身上，比如情侣之间佩戴彼此的照片就是一种关于爱的强烈情感表达方式之一。下面是以"为爱加冕"为主题设计的项链，在存放照片的吊坠上面加一个皇冠，整体视觉效果犹如给心爱的人加冕一样，将爱人每时每刻都挂在心间。

"为爱加冕"

7.2.2 "祈盼"主题案例

情感的传递不仅存在于大人层面，小孩子也具有丰富的内心情感。小时候我们读过《卖火柴的小女孩》童话故事，我们可以从燃烧的"红宝石火柴"来抒发内心的情感和心愿，做一件红宝石火柴造型的首饰，让佩戴者得到内心情感上的寄托和满足。

"许愿火柴"

此外，童年故事里的阿拉丁神灯，我们可以将神灯做成首饰来满足人内心对美好生活的向往和祈愿，如下图所示。这些以童话故事为设计灵感的首饰，能够让人们回忆起童年里最青涩的美好时光，从而引发人们的共鸣。

"魔法神灯"

◎ 主题线索案例"福运金安"

祈福主题是一种大众情怀，佩戴祈福类情感主题的首饰也是一种寻求吉祥祝愿的方式之一。人们希望借用一些美好的事物来实现自己内心的祈愿，多是关于健康、平安、事业、爱情、友情、财富、美貌、好运、幸福与和睦这 10 种常见的情感需求。在这类情感主题的设计上，选用的素材就显得非常重要了，通常要选用带有吉祥寓意的元素进行设计，比如花瓶和苹果代表"平安"，桃花代表"爱情"，四叶草代表"幸运"，喜鹊、柿子和莲花代表"喜事连连"等。下面是以"福运金安"为主题设计的首饰作品的效果图，将祥云纹样和花瓶造型进行同构，以营造出轻盈时尚的现代风格造型，赋予传统元素以全新的时尚面貌。

"福运金安"首饰设计作品

"福运金安"耳饰搭配组合

7.2.3 "爱情"主题案例

爱情是珠宝设计中最常见的主题。在设计时,可以改变传统表达爱意的元素,结合当下的文化背景进行融汇升华。爱情题材传达情感的设计除了创新以外,还要多动心思给它取一个好听的名字,让作品所传达的情感能够抓住消费者的心理。为首饰取名在爱情主题首饰设计中是非常重要的。例如,一件 0.1 克拉的碎钻首饰可以取名"10 分爱"或者"0.1 克拉的爱恋",因为 0.1 克拉 =10 分;普通圆环造型的首饰取名叫作"缘来是你"或者"爱的原点"会更具有情感内涵。

黄金纯度最高的是 24K 黄金,那么通常市面上最常见的镶嵌类首饰选用的都是 18K 金。K 金数值越低则含金量就越少,不考虑品牌的情况下售价就会越低,在设计的时候为了迎合年轻人的购买力和对情感的新时代需求,我们如果推出 9K 金材质的首饰,可以取名为"久 K 金",寓意爱情长长久久。

○ 主题案例 "一生一托"

大多时候我们可以通过一个人的着装、妆容和发型看出这个人今天的心情,首饰佩戴亦是如此。从这个角度入手,可以考虑将首饰设计成具有一款多戴的组合形式,通过不同的组合方式来传递人类情感的多样化并使其多元化流露。

例如,定义一款首饰主题为"一生一托",在设计时利用一枚戒托搭配多种可拆卸的不同造型的戒指头部,按心情的转变来安装不同的戒指头部,无论怎样变换戒指头部,戒托都只有一个,这里的"一托"不仅是指代实物戒托,还有"唯一的托付、依托"等情感指代,因此可以理解为"将一生托付一人",如右图所示。

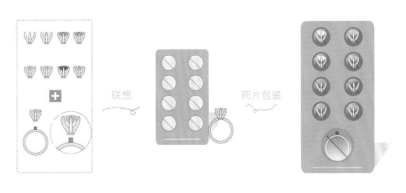

"一生一托"

我们总会因为一些外界条件变化而影响心情和感受，如下雨天往往让人感到伤感与孤独，阳光明媚的早晨让人感到喜悦和活力充沛，而这些心情与感受都可以作为设计者创作的灵感源泉。下面以"心晴"耳环为主题案例来具体展示"珠宝与情感"的关系。

"雨天"耳环　　　　　　　　　　　　　　"晴天"耳环

7.3 珠宝与文案

7.3.1 珠宝设计的文案写作素材

珠宝设计文案的写作素材从何而来？这个问题困扰着很多初学设计的人。目前设计行业最大的乱象就是很多青年"设计者"在培训班学习了几天设计软件就进入公司成为"设计师"了。设计不是单纯的视觉呈现那样简单，它还有很多的文化内涵和设计思想在里面。设计不是一种呈现而是一种唤醒，它并不是纯粹的艺术，它是传达思想和情感的手段，设计者要想成为出色的设计师是需要多培养文化底蕴与设计思维的。一个好的设计者应该具有扎实的绘画功底，但设计绝不是单纯的画图，设计需要考虑的方面很多，设计者应该是产品的整体"把控官"。设计除了要考虑表面的美还应与商业结合，设计产品的同时应带有一定的思维和策略。好的作品应该是艺术呈现加价值传递，设计不应一味追赶潮流，应具有永恒经典性。对于作品所具有的思想、内涵、文化、价值、永恒和经典光靠艺术本身体现是远远不够的，好的作品应该被更好地阐释，所以文案与标语就显得格外重要了。

关于文案和标语的写作素材可以从艺术创作的整个过程的方方面面来积累、提取和谈论。

❶ 素材所带有的情感内涵

在选择创作素材的时候，不要只看外表，同时还要思考每一个元素所具有的含义，这样有助于后续文案写作和宣传标语的创作。如果前期不做这些准备而盲目设计，你的作品后续将"无言以对，无话可说"，这样的作品除了好看以外，没有打动人心的文化魅力。

当设计一个和字母相关的珠宝首饰的时候，如果设计的出发点是"AJS"这3个字母，首先找到这3个字母的内涵所在，由字母"AJS"联想到具有吉祥或正能量意义的单词。以"Appreciate（感恩）""Joy（欢乐）"和"Smile（微笑）"为例，3个单词首字母"AJS"组合起来的意义就是"感谢你的陪伴，愿我的微笑可以给你带来无穷欢乐"，这样一个简单的字母设计就具有了打动人心的情感力量。反推同理，可以先有一种思想情感，再去找到相应的英文，最后提取关键字母元素来表达设计思想并进行艺术创作，这样后续的文案和标语就会"言出有理，合情合理"。

下面列出的是26个英文字母"不简单的一面"。我们看待任何生活中的常见素材都应该去思考和发掘它不常见的另一面，以此来进行艺术创作，让作品时刻传递着艺术魅力与情感力量。

Appreciate（感恩）	Joy（欢乐）	Smile（微笑）
Belief（信念）	Kindness（善良）	Trust（信任）
Confidence（信心）	Love（爱情）	Unity（团结）
Dreaming（梦想）	Magnetic（有魅力的）	Victory（成功）
Eternal（永恒）	Nice（友善的）	Wish（希望）
Funny（乐趣）	Omnipotence（无限力量）	X（未知，代表任何、一切）
Good（很好）	Patience（耐心）	Yes（赞同）
Happiness（幸福）	Quiet（宁静）	Zeal（热情）
Imagination（想象力）	Refulgence（辉煌）	

❷ 造型情感与文案素材

造型元素包括很多，如最基本的点、线、面、体、颜色、质感和肌理等，不同的造型元素也会带有不同的艺术内涵与情感。例如，密集的点状造型会传递出"恐惧"的内心情感，整齐排列的线条会传递出"有序顺畅"的内心情感，平滑的表面会传递出"舒服"的内心情感，珍珠的质感会给人"圆润亲切"的内心感受，银饰复古做旧的肌理会传递出"粗糙破旧"的心理情感。这些由珠宝造型元素所传递出的情感都可以作为珠宝设计文案写作的基本素材。

❸ 材质情感与文案素材

不同的材质会传递出不同的情感。例如，纯银细腻，温润中带有亲切、温柔的感觉；白金闪亮锋利给人以冰冷的感觉；黄金带有温暖的情感感受，同时也是富贵的象征；钻石传递出永恒的情感感受；圆润的弧面宝石会传递出平易近人的情感感受。这些由材质所传递出的情感都可以作为珠宝设计文案写作的基本素材。

❹ 工艺情感与文案素材

珠宝制作时会有很多道制作工艺，不同的表面工艺会带有不同的视觉感受和情感体验，这也是对珠宝设计理念的阐释，写作的基本素材。例如，一种工艺体现出的工匠精神或工艺的制作难度等，这些都可以作为珠宝产品的卖点，都是不错的文案写作素材。

7.3.2 珠宝设计的文案表述方式

商业设计的最终目的就是传递信息，进而带来市场转化，有好的产品的同时还要配有情感文案和简明的标语来传递产品信息并作解释说明。文案是对产品的简明介绍和内涵阐释。标语是带有指令性的口号，可以引导消费者购买产品，具有一定的号召力，文字简短，但简短的几个字就可以让人领会整个作品的思想并记忆深刻。

❶ 珠宝设计文案的写作方法

珠宝设计文案的写作方法常常是先客观介绍产品的基本情况，比如产品选用什么样的造型、材质、工艺，再展开介绍它的造型形态、文化背景、寓意、象征、色彩、材质搭配给人的感觉和工艺技术的应用等，最后总述作品所传递出的情感和思想。注意并不是所有的作品都需要这样模板化的设计文案，也可以采用很梦幻诗情画意的写法。下面案例是以"丛林之光"作品为例来谈论情感化在珠宝设计作品中的应用，从而进行文案写作。

◎ 案例作品"丛林之光"

灵感来源：作品的主形象选取自然界中非常常见的动物和昆虫造型，比如带有皇冠的青蛙、花朵上的蜘蛛和藤蔓上的灵蛇与蝙蝠；而作为辅助装饰元素的藤蔓和花枝也是不可或缺的，这些形态元素有规律、有节奏地变化和排列着，类似乐曲音符，在舒缓中体现出作品的韵律感。主体元素动物、昆虫和辅助元素花枝、藤蔓在一起相辅相成，共同完成本件珠宝作品的意境情感传递和纯真美好的内涵体现。珠宝的金属材质温润、柔和，有着很强的亲和力，细腻素雅的质地让人有一种亲临自然的感受，通过工艺上的抛光、拉丝、磨砂等表面工艺处理手法形成金属色彩上的明暗对比关系，同一色调的彩色宝石有序排列并贯穿整件珠宝作品，局部以孔雀绿珍珠为对比，创造出生动、有趣的首饰艺术造型，使情感的流露变得更加细腻。"丛林之光"的制作过程及成品实物效果如下图所示。

"丛林之光"制作过程

"丛林之光"成品实物效果

当珠宝作品被赋予人的名字之后便有了一种意象的"生命"灵魂，这样的作品可以与人进行"对话"，进而传递出人的情感。每个单独的形象都根据它在整个故事中扮演的角色给予相应的人物性格特征，从而让首饰设计作品的情感化更为丰富和具体。作品中间的青蛙造型配以小皇冠显得生动可爱，可以说是整件作品中的一个核心亮点，让人看到会产生情感上的共鸣，甚至会联想到童话故事中具有传奇色彩的青蛙王子的故事情节，在人的固有感情经验上引起共鸣；花朵和圆润剔透的月光石成为人们丛林记忆中美好的景象；而蜘蛛、灵蛇和蝙蝠的形象可以说是黑暗森林的代表性角色。这件完整的首饰创作作品，整体的材质、工艺与宝石的色调一致，共同构成一个和谐的情感画面，诉说着儿时那小小的奇幻梦境，用情感去抒写一个华丽的丛林之梦。

设计文案：该作品的灵感为故事性所引发的情感设计，故事发生在一个奇幻、美丽的热带雨林，丛林里有着一个古老的部落，它的名字叫作"丛林之光"，部落里有一群精灵守护着圣果，这是一个为了纪念回忆的童话，是一场梦幻丛林珠宝之旅。

下面作者赋予每件作品以不同的人物性格和名字，让首饰设计作品的情感化元素更为丰富与具体。

Bessy 戒指以鸟巢造型围绕着温润的白色月光石，犹如母亲守护着熟睡中的婴儿，具有一种夜色下的静谧之美。

Lvy 戒指通过蛇缠绕蓝珀圣果给人一种踏实感和安全感，Lvy 是部落中守护蓝珀圣果的守护神，有一种人的"责任"情感在里面。

Bessy 戒指

Lvy 戒指

Flora 戒指是美丽的化身，通过花枝夸张的舒展，流露出积极、美好和喜悦的情感。

Erica 戒指作为部落的族长，他是正义的化身，严肃冷静，拥有智慧，其形象设计传达出了一种公正与足智多谋的情感内涵。

Flora 戒指

Erica 戒指

Adela 戒指中间的红宝石是闪闪发光的宝藏，白色欧泊是守护的天使，日日夜夜地守护在宝藏周围，让它不受风吹雨淋，舒展的枝叶象征着丛林，在广袤的大地上，总会有那个一心一意守护你的人。

Dolores 戒指造型通过向中心抱紧的花苞传达出含蓄、羞涩的情感。

Adela 戒指

Dolores 戒指

❷ 珠宝设计标语的创作方法

珠宝设计标语的创作方法常常是通过作品传递的情感和思想作为写作的切入点，将传递的核心思想用一句简短而有力的话语进行高度概括，让人能通过简短的话语读出作者的内心情感和作品创作的意图。例如，关于爱情主题的作品可以描述为"每天多爱一点，兑现一个关于爱的承诺"，婴儿宝宝锁、平安镯可以描述为"每个生命来到世上的第一份爱的礼物"，时尚自然主题的耳饰可以描述为"耳边的风景"，戒指可以描述为"指尖上的优雅"，手镯手链可以描述为"腕间风情"，与此同时还可以进行拟人化、撒娇、卖萌的语气描述为"我很萌，谁能带我去看世界？"等，这些都是将珠宝加速推向给需求者的催化剂。

第 8 章

珠宝逻辑艺术

本章汇总了一系列的珠宝设计常用"数据模板"，包括常用尺寸数据、工艺结构细节和相关专业术语的英文表述等，读者在进行珠宝设计时，可以参考这些模板，希望这份"数据模板"在今后的学习、工作中可以带来方便。

8.1 珠宝设计与数据 │ 8.2 珠宝与常用英文 │ 8.3 珠宝设计与逻辑

8.1 珠宝设计与数据

8.1.1 常用配件工艺图

通过前几章的讲解，我们可以感受到艺术大多数时候是凭借主观思想来创造的。现实中，产品设计与绘画这种纯艺术不同，产品设计是真实存在的，必须有"逻辑关系"来支撑。为了在每次画图时减少计算和测算各种常用数据的时间，提高设计效率，我们可以事先做出大量数据模板来作为设计的"数据库"，这里我们称它为"设计可行性模板"。将平时设计时可能会用到的各种配件尺寸、配件结构和常用矢量素材标准化、模块化、简单化并进行分类整理，方便设计时使用，如下所示。

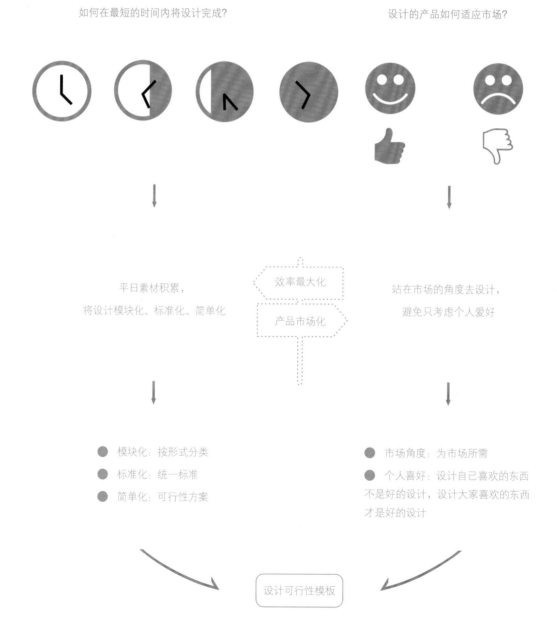

如何在最短的时间内将设计完成？   设计的产品如何适应市场？

平日素材积累，
将设计模块化、标准化、简单化

效率最大化

产品市场化

站在市场的角度去设计，
避免只考虑个人爱好

● 模块化：按形式分类

● 标准化：统一标准

● 简单化：可行性方案

● 市场角度：为市场所需

● 个人喜好：设计自己喜欢的东西
不是好的设计，设计大家喜欢的东西
才是好的设计

设计可行性模板

❶ 常用链子配件工艺图

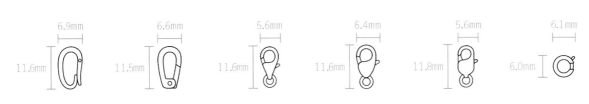

弹簧扣

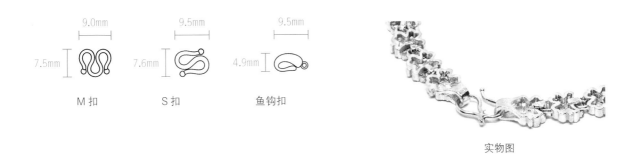

M 扣   S 扣   鱼钩扣

实物图

延长链

字印处

常规女士项链

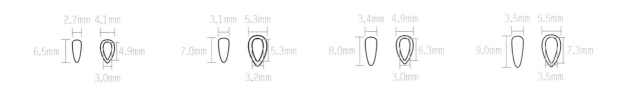

瓜子扣

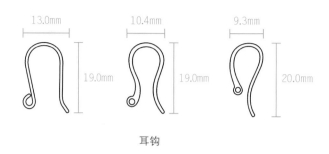

耳钩

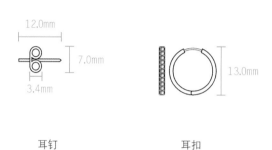

耳钉　　　　　　　　　耳扣

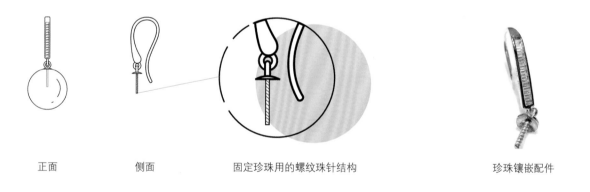

正面　　　　　侧面　　　　固定珍珠用的螺纹珠针结构　　　　　　珍珠镶嵌配件

💟 小贴士

　　珠针上的螺纹结构是为了更好地固定珍珠，一般珍珠固定方式是在螺纹珠针上滴上胶水再扎进珍珠孔洞里。关于珍珠打孔的技巧，业内通常情况下会在珍珠的瑕疵（如划痕、凹坑或不平整）处进行打孔，安装珠针配件后可以最大化地规避瑕疵问题。

❸ 常用活口戒指工艺图

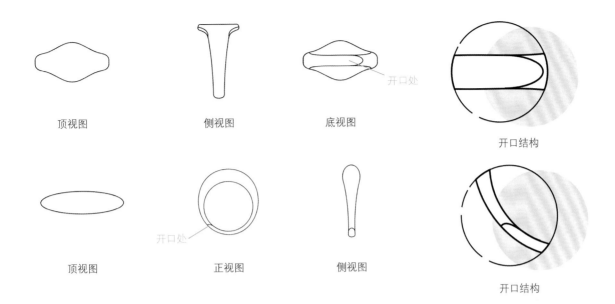

顶视图　　　　　　　侧视图　　　　　　　底视图

开口处

开口结构

开口处

顶视图　　　　　　　正视图　　　　　　　侧视图

开口结构

活口戒指实物图

♢ 小贴士

　　在画图时，活口戒指比死圈戒指在戒壁上多画一笔圆弧即可。

◆ 常用手镯手链工艺图

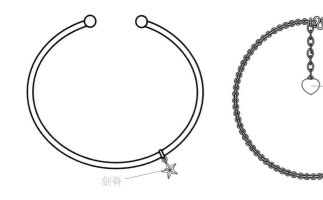

剑脊

常规手镯圈口号 52/56/58（均码）/60/62

字印处

常规女士手链展开长度 17.5cm

常规男士手链展开长度 20.5cm

手镯实物图

包镶方形钻

正视图

卡扣

侧视图

镶嵌类手链工艺图画法

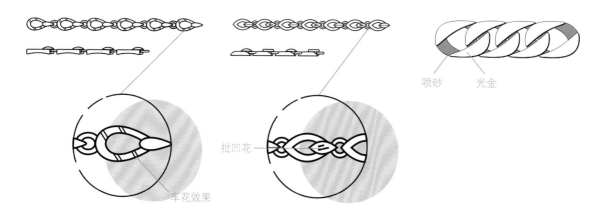

喷砂　光金

批凹花

车花效果

素金类手链工艺图画法

⑤ 常用其他配件工艺图

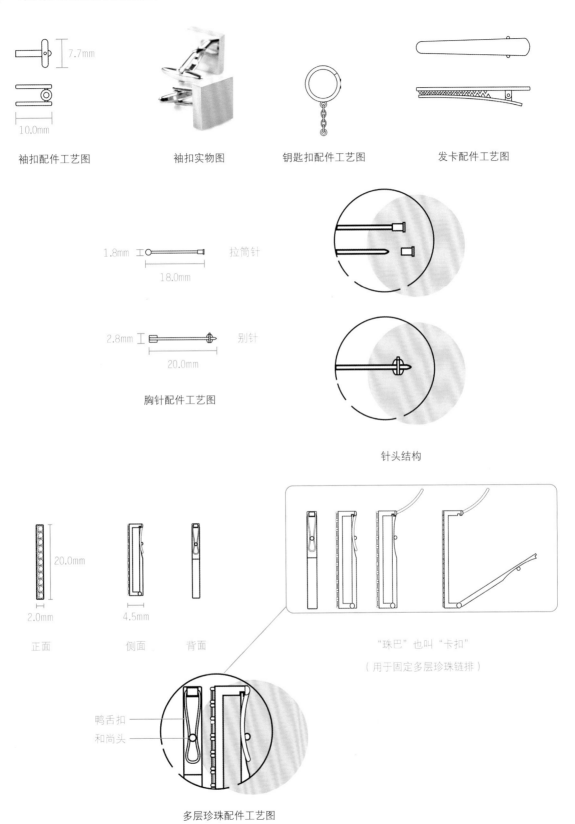

袖扣配件工艺图　　　　袖扣实物图　　　　钥匙扣配件工艺图　　　　发卡配件工艺图

7.7mm
10.0mm

1.8mm　拉筒针
18.0mm

2.8mm　别针
20.0mm

胸针配件工艺图

针头结构

20.0mm
2.0mm　4.5mm

正面　　侧面　　背面

"珠巴" 也叫 "卡扣"

（用于固定多层珍珠链排）

鸭舌扣
和尚头

多层珍珠配件工艺图

8.1.2 常用的设计数据

◆ 常用戒指手寸与内直径对照表

在做戒指设计时,可以参照表8-1中戒指手寸和内直径的对应数值来进行快速精确绘图。内直径是固定不变的,而外直径是由设计者根据设计来定的。例如,戒指的指圈为14号,即内直径为16.9mm,设计时如果想要让戒壁厚度为1.0mm,则戒指的外直径就应该加2.0mm即画成18.9mm。

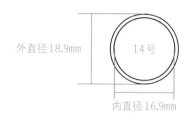

内直径与外直径

表 8-1 国内戒指手寸对照表

指圈/号	直径/mm	周长/mm	指圈/号	直径/mm	周长/mm
1	12.3	38.6	17	17.9	56.2
2	12.6	39.6	18	18.3	57.5
3	12.9	40.5	19	18.6	58.4
4	13.3	41.8	20(男款均码)	19.0	59.7
5	13.7	43.0	21	19.2	60.3
6	14.1	44.3	22	19.5	61.2
7	14.4	45.2	23	19.9	62.5
8	14.8	46.5	24	20.2	63.4
9	15.1	47.4	25	20.7	65.0
10	15.4	48.4	26	21.0	66.0
11	15.8	49.6	27	21.3	66.9
12	16.1	50.6	28	21.6	67.8
13(女款均码)	16.5	51.8	29	22.1	69.4
14	16.9	53.1	30	22.6	71.0
15	17.2	54.0	31	22.9	71.9
16	17.6	55.3	32	23.1	72.5

> ♡ 小贴士
>
> 手寸是珠宝首饰行业的专业用语,是指戒指尺寸的大小,以戒指的内圈直径和内圈周长为依据,来划分不同的戒指尺码,以便生产和佩戴。

❷ 常见圆形钻石质量与直径大小

常见圆形钻石质量与直径参照表，如表 8-2 所示。

表 8-2 常见圆形钻石质量与直径参照表

圆钻大约质量	钻石直径范围 /mm	圆钻大约质量	钻石直径范围 /mm
3 厘	0.85 ~ 0.90	90 分	6.11 ~ 6.20
4 厘	0.91 ~ 0.99	95 分	6.21 ~ 6.30
5 厘	1.00 ~ 1.10	1 卡	6.31 ~ 6.40
6 厘 ~ 8 厘	1.11 ~ 1.22	1.10 卡	6.41 ~ 6.50
9 厘 ~ 1.1 分	1.23 ~ 1.35	1.15 卡	6.51 ~ 6.60
1.2 分 ~ 1.4 分	1.36 ~ 1.45	1.20 卡	6.61 ~ 6.70
1.5 分 ~ 1.7 分	1.46 ~ 1.55	1.25 卡	6.71 ~ 6.80
1.8 分 ~ 2.2 分	1.61 ~ 1.80	1.30 卡	6.81 ~ 6.90
3 分	1.81 ~ 2.00	1.35 卡	6.91 ~ 7.00
4 分	2.01 ~ 2.20	1.40 卡	7.01 ~ 7.10
5 分	2.21 ~ 2.40	1.45 卡	7.11 ~ 7.20
6 分	2.41 ~ 2.60	1.50 卡	7.21 ~ 7.30
7 分	2.61 ~ 2.80	1.55 卡	7.31 ~ 7.40
8 分	2.81 ~ 3.00	1.60 卡	7.41 ~ 7.50
10 分	3.01 ~ 3.20	1.65 卡	7.51 ~ 7.60
12 分	3.21 ~ 3.40	1.70 卡	7.61 ~ 7.70
15 分	3.41 ~ 3.60	1.75 卡	7.71 ~ 7.80
18 分	3.61 ~ 3.80	1.80 卡	7.81 ~ 7.90
22 分	3.81 ~ 4.00	1.85 卡	7.91 ~ 8.00
25 分	4.01 ~ 4.20	2 卡	8.01 ~ 8.50
30 分	4.21 ~ 4.40	2.50 卡	8.51 ~ 8.90
35 分	4.41 ~ 4.60	3 卡	8.91 ~ 9.30
40 分	4.61 ~ 4.80	3.50 卡	9.31 ~ 9.90
45 分	4.81 ~ 5.00	4 卡	9.91 ~ 10.30
50 分	5.01 ~ 5.20	4.50 卡	10.31 ~ 10.70
55 分	5.21 ~ 5.30	5 卡	10.71 ~ 11.10
58 分	5.31 ~ 5.40	5.50 卡	11.11 ~ 11.40
62 分	5.41 ~ 5.50	6 卡	11.41 ~ 11.70
65 分	5.51 ~ 5.60	6.50 卡	11.71 ~ 12.00
70 分	5.61 ~ 5.70	7 卡	12.01 ~ 12.30
75 分	5.71 ~ 5.80	7.50 卡	12.31 ~ 12.60
80 分	5.81 ~ 5.90	8 卡	12.61 ~ 12.90
82 分	5.90 ~ 6.00	8.50 卡	12.91 ~ 13.20
85 分	6.01 ~ 6.10	9 卡	13.21 ~ 13.60

❸ 足金实际生产出货质量差值表

足金产品设计预估质量与生产实际质量差值对照表，如表 8-3 所示。

表 8-3 足金产品设计预估质量与生产实际质量差值对照表

类别	设计预估质量	生产实际差值
戒指 / 耳环 / 吊坠	5 克以下	±0.5 克之间
		如 5 克：4.5 克 ≤ 实际质量 ≤5.5 克
	5 ~ 15 克	±1 克之间
	15 克以上	±1.5 克之间
项链 / 手链 / 脚链	10 克以下	±2 克之间
	20 克以下	±2.5 克之间
	20 ~ 50 克	±3.5 克之间
	50 ~ 100 克	±4.5 克之间
	100 克以上	±6 克之间
手镯 / 胸针	10 克以下	±1.5 克之间
	10 ~ 20 克	±2 克之间
	20 克以上	±2.5 克之间
金条	10/20/30 克	±0.05 克之间
	50 克	±0.06 克之间
	100/200/500/1000 克	±0.1 克之间
金章	3/5/10 克	±0.02 克之间
摆件	5 克以下	±0.5 克之间
	5 ~ 15 克	±1 克之间
	15 ~ 40 克	±2 克之间
	40 ~ 100 克	±3 克之间
	100 克以上	±0.05 克之间

8.2 珠宝与常用英文

珠宝的类型、材料、工艺有很多种，下面我们来列举一些珠宝常用的相关词语与其对应的英文，如表 8-4 所示。

表 8-4 珠宝与常用英文

珠宝 Jewelry						
类型 Type	款式	Style	配件	Parts	金章	Gold Medallion
	套装	Set	发夹	Hairpin	金币	Gold Coin
	戒指	Ring	弹簧扣	Spring Fastener	金条	Gold Bar
	耳饰	Earring	M 扣	M Buckle	雕刻品	Carving
	吊坠	Pendant	S 扣	S Buckle	真珠宝	Real Jewelry
	项链	Necklace	袖扣	Cufflinks	假珠宝	Sham Jewelry
	手镯	Bracelet	瓜子扣	Chain Hole	高级珠宝	High/Fine Jewelry
	胸针	Brooch	珠子	Bead	廉价珠宝	Cheap Jewelry
	腕表	Watch	链条、手链、表链	Chain	高级珠宝定制	High-end Jewelry Design

珠宝 Jewelry					
金属 Metal	黄金	Gold	钯金	Palladium	银	Silver
	铂金	Platinum	18K 金	18 Karat Gold	铜	Cuprum
	玫瑰金	Rose Gold	纯金	Pure Gold	克	Gram

宝石 Stone	钻石	Diamond	红玛瑙	Comelian	心形切割	Heart Cut
	红宝石	Ruby	黑玛瑙	Black Onyx	雷地思切割	Radiant Cut
	蓝宝石	Sapphire	虎眼石	Tiger' Eye	三角形切割	Triangle Cut
	彩色蓝宝石	Fancy Colored Sapphire	石榴石	Garnet	长角阶切割 （垫形切割）	Cushioncut
	彩钻	Fancy Colored Diamond	琥珀	Amber		
	祖母绿	Emerald	贝壳	Shell	公主方切割	Princess Cut
	坦桑石	Tanzanite	珍珠	Pearl	圆明亮切割	Brilliant Cut
	碧玺	Tourmaline	海水珍珠	Seawater Pearls	阿斯切割	Asscher Cut
	帕拉伊巴	Paraiba	淡水珍珠	Resh Water Pearls	祖母绿形切割	Emerald Cut
	托帕石	Topaz	Akoya 珍珠	Akoya Pearls	沁油	Oil
	蓝水晶	Blue Topaz	珊瑚	Coral	微油	Little Oil
	白水晶	White Topaz	玉石	Jade	无油	Oil Free
	茶晶	Smoky Topaz	翡翠	Jadeite	天然	Nature
	水晶	Crystal	绿松石	Turquoise	烧色	Heated
	粉水晶	Rose Quartz	月光石	Moon Stone	无烧	Un-heated
	紫水晶	Amethyst	锆石	Zircon CZ	合成	Synthesis
	黄水晶	Citrine	白锆石	White CZ	合成坦桑石	Syn-tanzanite
	橄榄石	Peridot	黄锆石	Citrine CZ	刻面的	Faceted
	欧泊 / 蛋白石	Opal	浅金黄锆石	Lemon Citrine CZ	刻面红宝石	Faceted-ruby
	火欧泊	Fire Opal	香槟锆石	Champagne CZ	素面	Cabochon
	孔雀石	Malachite	梨形切割	Pear Cut	素面红宝石	Cab-ruby
	东陵石	Aventurine	椭圆形切割	Oval Cut	透明	Transparent
	玛瑙	Agate	马眼形切割	Marquise Cut	克拉	Carat

镶嵌 Set	爪镶	Prong Setting	包镶	Bezel Setting	槽镶	Channel Setting
	群镶	Cluster Setting	隐蔽镶	Invisible Setting	密钉镶	Pave Setting

注：当质量（克）为数字 1 时，Gram 用单数形式，如 1 克 =1 Gram in Weight；其他情况均使用复数 Grams 形式，如 0.5 克 =0.5 Grams in Weight，22 克 =22 Grams in Weight

8.3 珠宝设计与逻辑

8.3.1 珠宝学中的基本逻辑关系

在第 2 章提到过调研的方法，调研所得到的数据可以为产品设计的方向提供有力依据。那么如何去分析消费者的"真实"需求？这里就涉及一个逻辑学问题，具备逻辑思维可以让我们快速从客户的需求表述中获得精准信息，从而更好、更高效地为客户提供点对点的精准设计服务。下面简单地介绍与珠宝设计相关的逻辑学关系。我们通过逻辑学可以知道一些基本事物间的关系，比如全同关系、真包含（于）关系、交叉关系和全异关系，如下图所示。

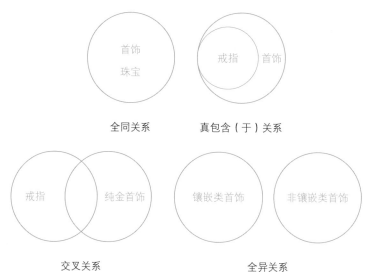

8.3.2 珠宝学中的简单逻辑判断

逻辑学中常说的"有的、有些"可能代表"一部分、至少一个"，也有可能代表"全部"。例如，"有的顾客想买钻戒"，可能是在总共的 20 个顾客里有 8 个顾客想买钻戒，也有可能是 20 个顾客全部都想要购买钻戒，总之不管有几个顾客会买钻戒，我们可以确定的是这 20 个顾客里至少有一个顾客想要购买钻戒。清楚了这个逻辑关系后，我们一起来看看逻辑关系中的简单逻辑判断，也就是"直言命题关系"。

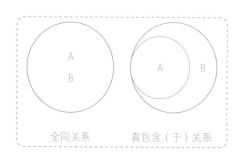

所有的 A 都是 B →有的 B 是 A

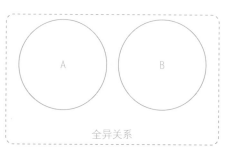

所有的 A 都不是 B= 所有的 B 都不是 A

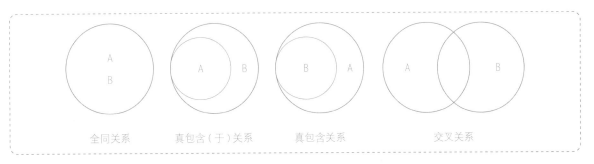

有的 A 是 B= 有的 B 是 A

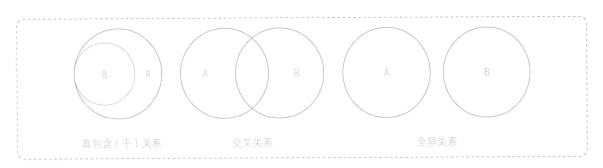

有的 A 不是 B ≠ 有的 B 不是 A

8.3.3 珠宝学中的三段论关系分析

由两个（包括 3 个概念关系的）直言命题推出一个新的直言命题，且前后每个概念都出现两次的就是逻辑学中的三段论。"所有购买珍珠的顾客都喜欢珠宝，小丽购买了珍珠，所以小丽喜欢珠宝。"从这个例子可以看出，两个肯定的条件可以推出一个肯定的结论，反之如果结论为肯定的，那么前面两个条件必然也为肯定。值得注意的是，三段论中的两个前提条件不能同时用"有的、有些"来描述，但如果其中只有一个条件是用"有的、有些"来描述是可以的，那么结论必然也要用"有的、有些"来描述。下面以实际调研情况为例，看一下如何应用逻辑学中的三段论来对珠宝市场进行调研数据分析。

案例：情人节珠宝店做活动，有些购买了珍珠类产品的顾客得到了胸针礼品，当日所有 30 岁以上女性顾客都购买了珍珠类产品，所有 25 岁以下男性顾客都没有购买珍珠类产品。

分析：案例中的关系可以画出下页所示的文氏图并判断出如下结论。

（1）"有些得到胸针礼品的顾客是年龄在 30 岁以上的女性顾客。"这个判断不准确，因为无法判定粉圈与黄圈有交集。

（2）"有些年龄在 30 岁以上的女性顾客得到了胸针礼品。"这个判断是不准确的，因为无法判定粉圈与黄圈有交集。

（3）"有些得到胸针礼品的顾客不是 25 岁以下男性顾客。"这个判断是对的，因为黄圈与蓝圈为全异关系。

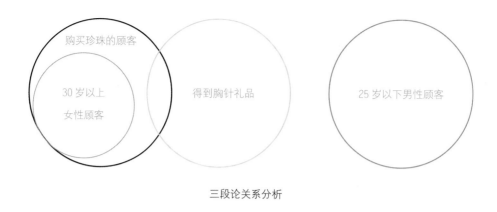

三段论关系分析

8.3.4 珠宝学中的复杂逻辑判断与推理

相对于简单逻辑和三段论还有较为复杂的逻辑关系，我们在现实接触客户时，往往客户提供的需求信息都比较"混乱"或"模糊"，这时就需要我们去判断与推理。下面我们以具体表格及案例来理解和学习如何使用逻辑学中的复杂逻辑关系来分析客户需求。关于逻辑判断，如表8-5所示。

表 8-5 逻辑判断

命题条件	真假关系
①"所有 A 都是 B"与"有的 A 不是 B" ②"所有 A 都不是 B"与"有的 A 是 B"	必一真一假
"有的 A 是 B"与"有的 A 不是 B"	必有一真，可以同时为真
"所有 A 都是 B"与"所有 A 都不是 B"	必有一假，可以同时为假
①"所有 A 都是 B"→"有的 A 是 B" ②"所有 A 都不是 B"→"有的 A 不是 B"	既可以同真，又可以同假
否定命题关系	
并非"所有 A 都是 B"＝有的 A 不是 B；并非"有的 A 不是 B"＝所有 A 都是 B	
并非"所有 A 都不是 B"＝有的 A 是 B；并非"有的 A 是 B"＝所有 A 都不是 B	

◇ 小贴士

　　"→"表示推出关系。

案例：某珠宝店今日共有 100 名顾客，如果下面 3 个条件有 1 个为真，2 个为假，则该店今天有多少名顾客购买了珠宝？

　　A. 有的顾客购买了珠宝

　　B. 有的顾客没有购买珠宝

　　C. 顾客小丽没有购买珠宝

分析：从已知条件来看，只有 C 简单且好理解，所以假设 C 为真，即"小丽没有购买珠宝"为真，则 B "有的顾客没有购买珠宝"必然为真，但条件说"有 1 个为真，2 个为假"，而目前 B、C 均为真，因此该假设不成立，所以 C 不能为真，那么就必然为假。当 C 为假时，则反过来事实的真相是"顾客小丽购买了珠宝"从而推出 A "有的顾客购买了珠宝"为真，按条件"有 1 个为真，2 个为假"，则 B "有的顾客没有购买珠宝"为假，因此通过 B 为假可以得出正确的是"所有顾客都购买了珠宝"，最终推出该店今日共有 100 名顾客购买了珠宝。关于逻辑推理，如表 8-6 所示。

表 8-6 逻辑推理

命题条件	举例说明	真假关系
"A 且 B"	钻戒又大又闪	"钻戒大"和"钻戒闪"为真；"钻戒小"或"钻戒不闪"为假（规则：有一个假全部为假，全部是真才会是真的）
"A 或 B"	小丽想买珍珠耳环或钻石耳环	至少有一种情况存在，同时可以多种情况存在为真；"小丽既不想买珍珠耳环又不想买钻石耳环"为假（规则：有一个是真就是真，全部是假才是假）
"要么 A，要么 B"	要么买黄金要么买铂金	黄金和铂金只能选一种为真；"既买黄金又买铂金"和"既不买黄金又不买铂金"为假（规则：有且只有一个真才是真）

案例：小丽在挑选珠宝时，柜台里有素金类、足铂类、红宝石类、蓝宝石类、钻石类和珍珠类供选择，小丽根据自己的预算和喜好有以下几点规划与思考，如果你是设计师或者销售人员，请你猜测一下把什么类型商品推荐给她成功率会更大？

A. 如果购买素金类，就不能再买足铂类，但要再买珍珠类

B. 只有不购买钻石类时才能购买红宝石类或蓝宝石类

C. 如果不买红宝石类，那么也不买珍珠类

D. 素金类是特别喜欢的，一定要买

分析：由 A 得出"素金→非足铂且珍珠"，由 B 可推出"红宝石或蓝宝石→非钻石"，由 C 可推出"非红宝石→非珍珠"，由 D 可知小丽一定购买"素金"。由一定购买素金这个信息可以找到与之相关的条件是 A，那么如果购买素金是真的，则"非足铂且珍珠"就为真。再把"非足铂且珍珠"为真这个信息带到与之相关的条件 C 中，如果"珍珠"为真，那么 C 中"非珍珠"就为假，即"非红宝石"也为假，从而得出可能购买红宝石，进一步将"红宝石"为真的信息带进条件 B，得出"非钻石"为真。所以最终可以猜测出小丽应该会购买素金、珍珠、红宝石，不购买铂金和钻石，蓝宝石不确定是否会购买。推理过程如右图所示。

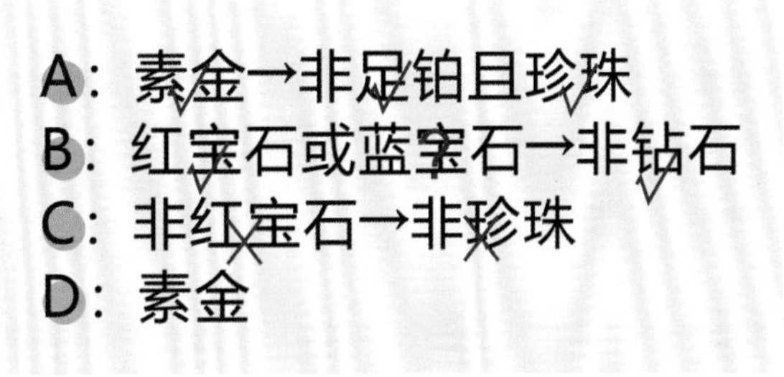

A：素金→非足铂且珍珠
B：红宝石或蓝宝石→非钻石
C：非红宝石→非珍珠
D：素金

推理过程

◇ 小贴士

"非足铂且珍珠"中"且珍珠"是对珍珠的肯定，并且是要购买珍珠的意思。

后记

感谢你阅读完了这本书。是否发现，当你以赤诚的心面对自己的作品时，它仿佛也有了情感与生命？艺术永无止境，犹如电影是遗憾的艺术一样，钻石又有几颗毫无瑕疵呢。本书经历了多次修改，也正是这份追求，让这本书的原稿在不断的修正和改进中被赋予了独特的情感与思想。但即便如此，也依然可以更好，就如同人一样，可以变得更好，却没有最好，愿本书可以让你变得更好。

虽然已到本书末尾，却也是刚刚开始，我的珠宝情感与思想还会继续谱写，未来篇章期待有你！

最后，本书提及的所有观点只是我个人的思想和看法，仅供读者参考。珠宝加工操作存在安全风险，请在专业人员指导下进行。所有数据尺寸、加工方法，以及英文表达等请视实际情况酌情参考使用。所有原创概念及设计作品版权归作者所有，请勿他用。